U0597302

Android Mobile Development Basic Tutorial

Android
移动开发基础教程

慕课版 | 第2版

王坤 谢宇 张玮◎主编
尹洪岩 余飞跃◎副主编

人民邮电出版社
北京

图书在版编目（CIP）数据

Android 移动开发基础教程：慕课版 / 王坤，谢宇，张玮主编. -- 2 版. -- 北京：人民邮电出版社，2025. （工业和信息化精品系列教材）. -- ISBN 978-7-115-65036-8

Ⅰ. TN929.53

中国国家版本馆 CIP 数据核字第 2024B804X6 号

内 容 提 要

本书详细讲解 Android 软件开发的基本方法和常用技能。本书分为 9 个单元，内容包括 Android 入门、Android 界面开发、Activity、Intent 和 BroadCastReceiver、数据存储、ContentProvider、Service、高级编程及综合实战。本书通过大量任务展示相关技术与技巧，最后通过完整项目的开发实现过程来帮助读者提高综合开发水平。

本书内容结构清晰，基本概念和技术讲解通俗易懂，任务丰富实用，适合作为高等院校计算机相关专业移动应用开发课程的教材，也适合 Android 爱好者和开发人员自学参考。

◆ 主　　编　王　坤　谢　宇　张　玮

　　副主编　尹洪岩　余飞跃

　　责任编辑　闫子铭

　　责任印制　王　郁　焦志炜

◆ 人民邮电出版社出版发行　　　北京市丰台区成寿寺路 11 号

　　邮编　100164　电子邮件　315@ptpress.com.cn

　　网址　https://www.ptpress.com.cn

　　北京天宇星印刷厂印刷

◆ 开本：787×1092　1/16

　　印张：13.25　　　　　　　　　　　2025 年 3 月第 2 版

　　字数：381 千字　　　　　　　　　2025 年 3 月北京第 1 次印刷

定价：49.80 元

读者服务热线：(010)81055256　印装质量热线：(010)81055316

反盗版热线：(010)81055315

第2版前言

Android 简介

Android 系统是目前世界上市场占有率最高的移动操作系统之一，已经占据了全球智能手机操作系统很大的份额。Android 从面世以来，已经发布了多个版本，众多开发者也为 Android 制作了丰富的应用程序，手机厂商、开发者、用户共同建立了一个完整的生态系统，推动了 Android 的蓬勃发展。

本书特色

本书细致地讲解 Android 的基础知识与应用，从 Android 入门到 Android 必备基础知识，再到高级编程，最后通过综合实战进行实践。本书内容全面，循序渐进，并针对重点知识设计任务，在重点单元设置项目实战，帮助读者边学边练，掌握重点、难点。本书最后精选视频播放器案例，带领读者学习如何实现典型应用功能，体验 Android 在实际开发工作中的应用，便于与实际开发工作接轨。

本书优势

● 理论与实践相结合。根据行业企业发展需要选取教学内容，符合读者的认知规律和教师的教学规律。

● 任务驱动、适应性强。根据教学内容，合理安排教学任务。读者通过本书不仅能快速地学习到技术，而且能够提高项目开发能力。

● 启智增慧，弘扬社会主义核心价值观。全面贯彻党的二十大精神，落实立德树人根本任务，引导学生坚定文化自信，树立社会责任感。

本书配套资源

本书配套丰富的慕课视频。读者登录人邮学院网站（www.rymooc.com）或扫描封底二维码即可在线观看本书慕课视频。也可以直接使用手机扫描书中的二维码观看视频。

本书提供了全部案例源代码、素材、最终文件、电子教案、教学大纲、PPT 课件，读者可登录人邮教育社区（www.ryjiaoyu.com）或扫描封底二维码免费下载使用。

　　本书由王坤、谢宇、张玮任主编，尹洪岩、余飞跃任副主编。由于编者水平有限，书中疏漏之处敬请读者与专家批评指正。

编者

2025 年 1 月

目　　录

第1单元
Android入门

01

情景引入

近年来，随着科技的发展，移动智能设备变得越来越普及。Android是一种应用非常广泛的操作系统，可以运行在智能手机、平板电脑或其他移动智能设备上，使用范围遍及190多个国家。目前，全世界有数十亿的智能设备使用的是Android系统，例如我们日常使用的智能手机大部分使用Android系统。Android以其开源性和简洁性广受开发者的喜爱。开发者通过Android可以开发出各种各样的应用程序。本单元主要介绍Android的起源和发展，同时介绍Android Studio工具的使用。

通过本单元的学习，读者对Android会有初步的认识，同时可以掌握Android Studio开发工具的使用，为后面的开发学习打下基础。

学习目标

知识目标
1. 了解Android的起源和发展。
2. 了解build.gradel文件的基础配置。

能力目标
1. 掌握Android开发环境的搭建。
2. 熟悉build.gradel文件中常见的配置。

素质目标
1. 教导学生创建规范的项目结构。
2. 培养学生良好的编程习惯。

思维导图

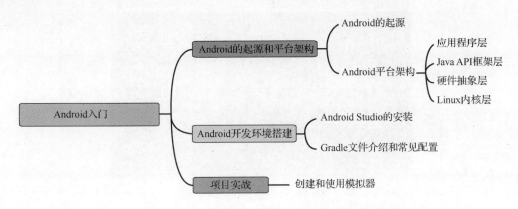

1.1 Android 的起源和平台架构

1.1.1 Android 的起源

Android 入门

Android 的首创者是 Andy Rubin（安迪·鲁宾）。2007 年 11 月，Android 操作系统首次对外展示，并且母公司宣布与多家制造商共同研发和改良 Android 系统。2008 年 9 月，Android 1.0 正式发布，该系统内置移动服务，支持网络浏览、多任务处理、Wi-Fi、蓝牙和即时通信等功能。2009 年 4 月，Android 1.5 正式发布，从该版本之后，每个版本开始以甜品的名字命名。例如，2017 年 8 月发布的 Android 8.0 名称为 Oreo（奥利奥）。

使用 Android 系统的手机目前的市场占有率很高，许多手机厂商如三星、小米、魅族等，其移动设备的开发大多基于 Android 系统。

1.1.2 Android 平台架构

Android 系统的底层基础是 Linux 内核。Android 平台架构主要分为 4 层：应用程序层、Java API（Application Program Interface，应用程序接口）框架层、硬件抽象层、Linux 内核层，具体如图 1.1 所示。

图 1.1 Android 体系结构

（1）应用程序层：Android 系统中的应用，包括电子邮件、日历、短信、照相机等，本书介绍的就是应用程序层的开发。

（2）Java API 框架层：Android 系统给开发者提供的开发接口，使用 Java 语言编写。通过这些接口，开发者可以构建自己的应用程序。

（3）硬件抽象层：向 Java API 框架层提供设备硬件功能。例如，当 API 需要访问照相机或蓝牙等硬件设备时，硬件抽象层为硬件设备加载对应的模块。

（4）Linux 内核层：Android 系统基于 Linux 内核实现内存管理、线程调度、硬件资源分配等操作系统级别的功能。

1.2 Android 开发环境搭建

Android 开发最开始使用的编译器是 Eclipse。开发者可以在 Eclipse 中使用 Android SDK（Software Development Kit，软件开发工具包）和 ADT（Android Development Tools，Android 开发工具）来完成开发环境的搭建。但是在 2013 年，母公司推出了新的 Android 开发环境 Android Studio，并在 2015 年发布了其正式版本。相比于 Eclipse，Android Studio 的代码提示和搜索功能更加智能，支持设备预览的 UI（User Interface，用户界面）编辑器也使得开发者的工作变得更加高效。另外，Android Studio 还内置了终端，开发者可以直接输入命令，并且集成了各种插件。我们需要不断使用开发工具才能熟练使用它。本节将介绍一些 Android Studio 的基本内容。

1.2.1 Android Studio 的安装

首先下载 Android Studio 的安装程序，下载完成之后双击 EXE 文件，即可开始安装 Android Studio。开始安装界面如图 1.2 所示。

图 1.2　Android Studio 开始安装界面

一直单击"Next"按钮，会出现选择安装目录界面，如图 1.3 所示。

选择好安装目录之后，一直单击"Next"按钮即可成功安装。Android Studio 第一次启动界面如图 1.4 所示，选择"Start a new Android Studio project"可以新建一个 Android 项目；选择"Open an existing Android Studio project"可以打开一个已有的 Android Studio 项目；选择"Check out project from Version Control"可以从一个代码管理工具上下载并打开项目；选择"Import project"

可以打开一个符合 Android Studio 配置的项目；选择"Import an Android code sample"可以打开一段 Android Studio 示例代码。

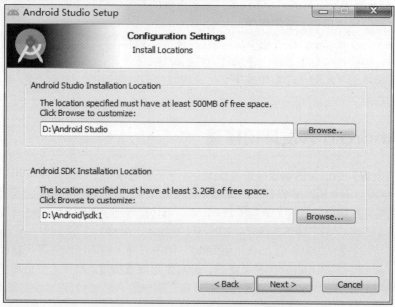

图 1.3　Android Studio 选择安装目录界面

图 1.4　Android Studio 第一次启动界面

1.2.2　Gradle 文件介绍和常见配置

在 Android Studio 中新建或打开一个 Android 项目后，工作台界面如图 1.5 所示。工作台左侧是项目的组织结构，下拉列表中可以选择不同的组织方式；上方的工具栏和菜单栏中包含一些常用的工具和命令；右侧是代码的编辑区；下方是一些常见的模块，如可以输入命令的输入框、可以查看运行情况的监控台等。

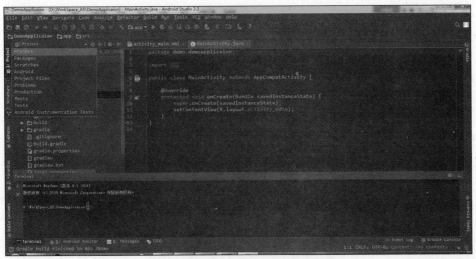

图 1.5　Android Studio 工作台界面

现在我们来具体看一下 Android Studio 的项目组织结构。在左侧的下拉列表中选择"Project"，目录结构如图 1.6 所示。

图 1.6　Android Studio 的目录结构

Android Studio 使用 Gradle 工具对 Android 项目进行编译和构建。/gradle 文件夹中存放了构建工具的 JAR 包和 Wrapper 等。/app 文件夹存放了一个具体的项目，其中/app/build 存放编译生成的 APK（Android Application Package，Android 应用程序包），/app/src 中存放了对应的 Java 源文件和 res 资源文件。/app 文件夹下还有一个很重要的 build.gradle 文件，用于对项目做一些配置（大部分配置使用默认生成的即可，有些要根据需要做一些更改）。下面我们通过 build.gradle 文件实例说明常见的配置。

build.gradle 文件：

```
apply plugin: 'com.android.application'   //Android 应用插件，使用默认的即可

android {
    compileSdkVersion 24    //编译程序时想要使用的 API 版本
    buildToolsVersion "25.0.2"    //构建工具的版本号
    defaultConfig {
        applicationId "demo.demoapplication"    //应用程序的包名
        minSdkVersion 15  //运行设备需要的 Android 系统最小版本
        targetSdkVersion 24  //目标设备的 Android 系统版本
        versionCode 1    //版本号
        versionName "1.0"   //版本名称
        testInstrumentationRunner "android.support.test.runner.AndroidJUnitRunner"
    }
    buildTypes {    //定义如何构建 App
        release {
            minifyEnabled false
            proguardFiles getDefaultProguardFile('proguard-android.txt'),
'proguard-rules.pro'
        }
    }
}

dependencies {    //配置依赖包
    compile fileTree(dir: 'libs', include: ['*.jar'])
    androidTestCompile('com.android.support.test.espresso:espresso-core:2.2.2', {
        exclude group: 'com.android.support', module: 'support-annotations'
    })
    compile 'com.android.support:appcompat-v7:24.2.1'
    testCompile 'junit:junit:4.12'
}
```

有过 Java 开发经验的读者可能比较清楚，如果需要在项目中使用额外的 JAR 包，需要手动将需要的 JAR 包下载下来，然后添加到项目中。而在 Android Studio 中，不需要手动下载，只需在 build.gradle 文件的 dependencies 中进行配置即可，例如在上述 build.gradle 文件中添加了 compile 'com.android.support:appcompat-v7:24.2.1'，Gradle 工具会自动从远程仓库中引用 android-support-appcompat-v7.jar 的内容。

1.3 项目实战——创建和使用模拟器

在开发 Android 应用的过程中，经常需要对程序进行测试。一般可以在 Android 手机上进行调试，但是对于没有 Android 手机或者 Android 手机系统不符合要求的开发者来说，还可以使用模拟器进行调试。模拟器的创建也比较简单，首先从 Android Studio 的工具栏中找到 AVD Manager，AVD Manager 图标如图 1.7 所示。

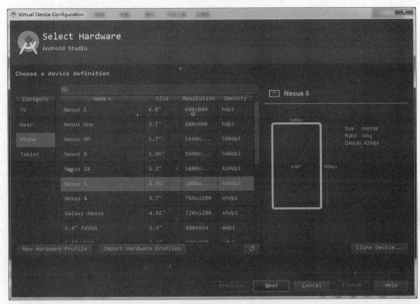

图 1.7　AVD Manager 图标

（1）创建模拟器，选择硬件信息：单击 AVD Manager 图标开始创建模拟器，选择模拟器的硬件信息，如图 1.8 所示，左侧可以选择 TV 设备、可穿戴设备、手机设备、平板设备，中间可以选择设备的名称、尺寸、分辨率和密度，右侧是设备的实时预览。

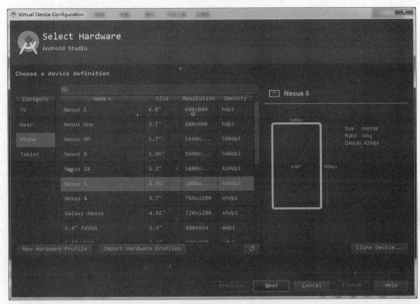

图 1.8　选择模拟器的硬件信息

（2）选择 Android 系统：单击"Next"按钮可以在图 1.9 所示的界面中选择 Android 系统，包括系统版本和处理器的类型。

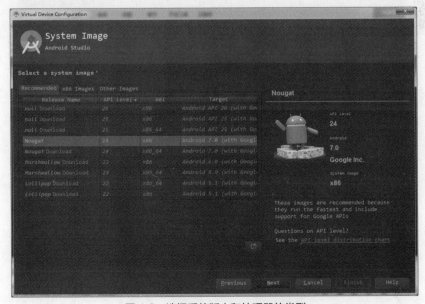

图 1.9　选择系统版本和处理器的类型

7

（3）信息确认：再次单击"Next"按钮会进行模拟器信息的最终确认，如图 1.10 所示，单击"Finish"按钮可以完成模拟器的创建。

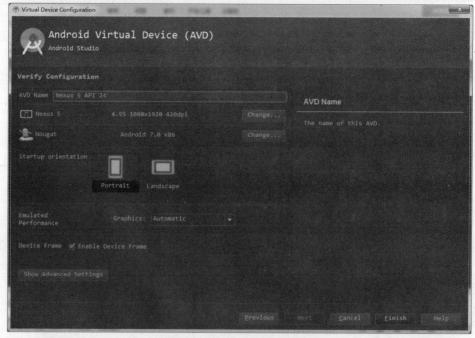

图 1.10　模拟器信息的最终确认

（4）模拟器创建完成，运行项目就会弹出模拟器选择界面，如图 1.11 所示，可选列表中会有之前创建的模拟器，选择一个模拟器并单击"OK"按钮，开发的 Android 项目会被安装到模拟器中并运行。

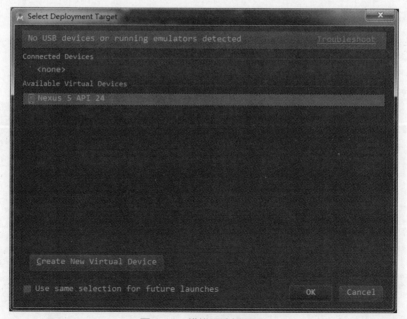

图 1.11　模拟器选择界面

1.4 单元小结

本单元首先简要介绍了 Android 的背景知识，包括 Android 的起源和发展。然后重点介绍了 Android 开发环境的搭建，包括对项目的创建、目录结构及常见文件的介绍。最后在 1.3 节项目实战中介绍了模拟器的创建和使用。

1.5 课后习题

1. Android 最早是由（　　　）开发的。
   A. 谷歌公司　　　　　　　　　　　　B. 苹果公司
   C. 开放手持设备联盟　　　　　　　　D. Android 公司
2. 手机 App 的开发属于 Android 体系结构的（　　　）层开发。
3. 除了移动手机，Android 系统还可以应用在哪些设备上？

第2单元
Android界面开发

02

情景引入

在移动应用中，界面是最基础的元素。例如，我们打开一个社交软件，会有登录界面；我们打开一个新闻类的软件，会有新闻列表展示。App界面给用户的第一印象至关重要，如果开发的App界面粗糙、交互性差，即使它的功能再强大，也很少有人愿意去使用。可以说，界面美观且友好是吸引用户的先决条件。Android为开发者提供了大量的控件。开发者对这些控件进行组合，可以开发出各种各样的界面。本单元我们主要介绍Android开发中一些常用的控件和布局方式。通过本单元的学习，读者可以完成一些基本的界面开发。

学习目标

知识目标
1. 掌握视图组件与视图容器的概念。
2. 掌握Android开发中常用的布局方式。
3. 掌握Android开发中常用控件。
4. 了解Android中的事件处理机制。

能力目标
1. 可以独立开发一些Android应用的界面。
2. 理解各个控件的功能，能够灵活组合与使用。

素质目标
1. 培养学生良好的编程习惯。
2. 培养学生查阅相关手册及资料的能力。
3. 教导学生掌握系统设计方法。

思维导图

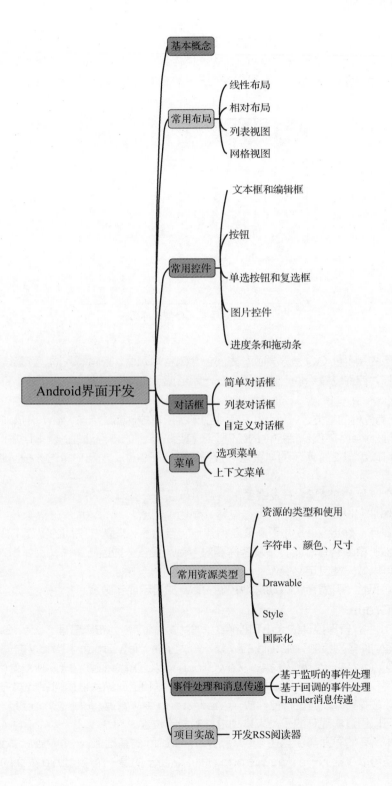

2.1 基本概念

在学习一些具体的控件之前，我们首先要了解控件、View（视图）和 ViewGroup（视图容器）的基本概念，然后要了解开发 UI 的方式。控件是组成 Android 界面最基本的元素，每一个按钮或文本框都是控件。ViewGroup 可以控制子控件的布局和显示。下面我们以图 2.1 为例，分别介绍这几个概念。

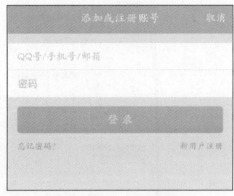

图 2.1 手机 QQ 登录界面

1. 控件

图 2.1 所示的是手机 QQ 登录界面。界面包含账号输入框、密码输入框、登录按钮等基本元素。这些基本元素称为控件或者组件，它们组合在一起形成了 Android 的 UI。

2. View

View 是所有控件的基类，Android 界面中显示的所有控件都继承自 View，所以它也是 Android 界面开发的基础。View 不仅包括控件的绘制，还包括一系列的事件处理，使得用户可以与界面进行交互。例如，可以给图 2.1 所示的"登录"按钮设置监听事件，当用户单击该按钮时，后台执行登录操作。

在创建一个 View 的时候，开发者通常需要执行以下一些常见的操作。

（1）设置属性：设置 View 的大小、位置、颜色等信息。

（2）设置焦点：确定 View 是否需要获得焦点，若需要，设置在不同的操作下焦点如何移动。

（3）设置监听事件：有时候，开发者需要对 View 设置一些监听事件，例如当 View 获得焦点或者被单击时可以做一些自定义操作。

（4）设置可见性：开发者可以动态地控制 View 的显示或者隐藏。

3. ViewGroup

在 Android 中，管理控件的大小和控件之间的排列顺序称为布局管理，ViewGroup 就可以用于实现布局管理。许多刚接触 Android 的人都不是太了解 ViewGroup 和 View 之间的关系，其实，ViewGroup 是 View 的一个重要子类。ViewGroup 可以理解为视图容器，开发者可以向其中添加一些基本的控件。例如在图 2.1 所示界面中，账号输入框和密码输入框如何保持对齐，"登录"按钮如何居中显示，这些都可以通过将控件放入 ViewGroup 中来管理。ViewGroup 是一个抽象类，在开发过程中，可以通过实现它的子类来排列控件的显示位置。

Android 中所有的界面都建立在 View 和 ViewGroup 的基础上，一个 ViewGroup 除了可以装载普通控件，还可以包含另一个 ViewGroup。图 2.2 所示的是一个 Android 界面的层次结构。

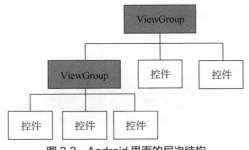

图 2.2　Android 界面的层次结构

4. 开发 UI 的方式

Android 支持使用以下两种方式定义 UI。

（1）通过 Java 代码定义控件并设置控件的属性。

（2）通过 XML（Extensible Markup Language，可扩展标记语言）布局文件控制控件的布局和属性。

通过 XML 布局文件控制 Android 的 UI，可以使界面的设计更加简单、清晰，具有更低的耦合性。而且使用这种方式可以将视图的逻辑从 Java 代码中抽离出来，更加符合 MVC（一种用模型—视图—控制器设计和创建 Web 应用程序的模式）设计原则。Android 也推荐使用 XML 的方式设计界面。

注意　耦合性是指模块与模块之间的紧密程度。一般都希望代码具有较低的耦合性，模块与模块之间的关系较为松散，就像汽车的各个零件一样，互相独立、可拆卸，这样修改一个模块不会对另外一个模块产生较大的影响。

2.2　常用布局

常用布局

在 Android 界面开发中，控件的布局非常重要。布局可以用来管理控件的分布和大小。不同的布局管理可以产生不同的布局效果，开发者需要根据不同的应用场景选择合适的布局管理。本节我们将介绍一些常用的布局方式。

2.2.1　线性布局

线性布局通过 LinearLayout 类实现。LinearLayout 是 ViewGroup 的子类，是一个视图容器，开发者可以向其中添加不同的控件。LinearLayout 将控件一个挨着一个排列起来，排列可分为横向排列和纵向排列。例如图 2.1 所示的手机 QQ 登录界面中，账号输入框和密码输入框的纵向排列，就可以通过将这两个控件放入 LinearLayout 中来实现。

注意　在实际的开发过程中，开发者会对 Android 原生的一些控件进行处理，使得界面更美观，例如在图 2.1 所示的手机 QQ 登录界面中，文本框显示出来的效果和 Android 原生的控件有所不同。这里我们为了重点介绍线性布局，不对基本控件进行扩展，后续会在 2.6 节介绍如何使用资源文件优化界面效果。

任务 2.1 使用线性布局

图 2.3 所示的是一个简化的登录界面的一部分，其中有一个文本框会提示用户输入用户名，后面紧跟着一个编辑框供用户输入具体的内容。

图 2.3 线性布局的示例——水平方向

这样的界面，可以使用横向线性布局来实现。

● **任务代码**

Activity 类:

```java
public class MainActivity extends Activity
{
    protected void onCreate(Bundle savedInstanceState)
    {
        super.onCreate(savedInstanceState);
        setContentView(R.layout.act_layout_horizontal);    //加载布局文件
    }
}
```

XML 布局文件（act_layout_horizontal.xml）:

```xml
<?xml version="1.0" encoding="utf-8"?>
<LinearLayout xmlns:android="http://schemas.android.com/apk/res/android"
    android:layout_width="match_parent"
    android:layout_height="match_parent"
android:orientation="horizontal" >    //横向线性布局
<!-- 添加一个文本框控件显示"用户名"-->
    <TextView
        android:id="@+id/txt_username" //控件 ID，名称可以自定义
        android:layout_width="wrap_content"  //控件宽度
        android:layout_height="wrap_content"  //控件高度
```

```
            android:gravity="left"   //控件内容的对齐方式
            android:textSize="18sp"   //文字大小
            android:textColor="#FF0000"   //文字颜色
            android:text="用户名: "   //文本框显示的内容
            android:focusable="false"/>   //是否可以获得焦点
    <!--添加一个编辑框供用户输入信息>
    <EditText
            android:id="@+id/etxt_content"
            android:layout_width="200dp"
            android:layout_height="wrap_content"
            android:gravity="center"
            android:hint="在这里输入用户名..."
            android:textSize="18sp" />
</LinearLayout>
```

> **注意** 关于 Activity 类，在第 3 单元我们会详细地进行介绍，这里读者只需要知道这个类会在 onCreate()方法中调用 setContentView()加载相应的布局文件即可。

在 act_layout_horizontal.xml 文件中，首先定义了一个 LinearLayout 布局，其中以 android: 开头的 XML 属性设置了组件的一些参数。android:layout_width 和 android:layout_height 分别设置了控件的宽度和高度，有 3 种合理的取值方式，分别如下。

（1）match_parent/fill_parent：设置当前 View 的大小尽可能和父控件的大小一致，在 API Level 8 以后 fill_parent 被废弃，转而使用 match_parent。

（2）wrap_content：设置当前 View 的大小自适应要显示的内容。

（3）固定值：设置当前 View 为固定大小。

LinearLayout 中还设置了一个非常重要的属性——android:orientation，该属性在线性布局中也是必不可少的，其有两个取值：horizontal 和 vertical（分别指定了布局中的子控件以水平和竖直的方式排列）。上述示例分别添加了一个 TextView 和一个 EditText，TextView 是文本框，用于显示说明性的文字；EditText 是编辑框，可以让用户输入一些信息，例如在登录界面输入用户名和密码等。android:gravity 属性设置了 View 中内容的对齐方式（示例代码中分别指定了文字的对齐方式为左对齐和居中），android:textSize 属性设置了文字的大小，android:textColor 属性设置了文字的颜色，android:text 属性设置了文本框显示的内容。需要说明的是，Android 不提倡这种将颜色值和字符串固定写在代码中的方式，而是提倡将其定义在资源文件中，然后通过某种方式引用，在 2.6 节我们将会专门介绍资源文件。

LinearLayout 布局相对简单，只需要把控件按顺序定义并显示即可。需要注意的是一个 ViewGroup 不仅可以装载普通控件，还可以包含另一个 ViewGroup。

任务 2.2　使用嵌套的线性布局

下面我们通过一个任务看一下嵌套的线性布局的用法，运行结果如图 2.4 所示。读者可以根据运行结果去理解布局文件，这里用到的控件和任务 2.1 用到的一致。

图 2.4　嵌套的线性布局

- 任务代码

XML 布局文件（act_layout_linearlayout.xml）：

```xml
<?xml version="1.0" encoding="utf-8"?>
<LinearLayout xmlns:android="http://schemas.android.com/apk/res/android"
    android:layout_width="match_parent"
    android:layout_height="match_parent"
    android:orientation="vertical" >  //纵向线性布局
    <!-- 一个横向线性布局 -->
    <LinearLayout
        android:layout_width="match_parent"
        android:layout_height="wrap_content"
        android:orientation="horizontal">
    <TextView
        android:id="@+id/txt_username"
        android:layout_width="80dp"
        android:layout_height="wrap_content"
        android:gravity="right"    //文字右对齐
        android:textSize="18sp"
        android:textColor="#FF0000"
        android:text="用户名: "
        android:focusable="false"/>
    <EditText
        android:id="@+id/etxt_name_content"
        android:layout_width="200dp"
        android:layout_height="wrap_content"
        android:gravity="left"    //文字左对齐
        android:hint="在这里输入用户名..."
        android:textSize="18sp" />
    </LinearLayout>

    <!-- 一个横向线性布局 -->
    <LinearLayout
```

```
            android:layout_width="match_parent"
            android:layout_height="wrap_content"
            android:orientation="horizontal">
    <TextView
            android:id="@+id/txt_password"
            android:layout_width="80dp"
            android:layout_height="wrap_content"
            android:gravity="right"
            android:textSize="18sp"
            android:textColor="#FF0000"
            android:text="密码: "
            android:focusable="false"/>
    <EditText
            android:id="@+id/etxt_pass_content"
            android:layout_width="200dp"
            android:layout_height="wrap_content"
            android:gravity="left"
            android:hint="在这里输入密码..."
            android:textSize="18sp" />
    </LinearLayout>
</LinearLayout>
```

2.2.2 相对布局

相对布局主要通过 RelativeLayout 类实现。对于有些界面，如果很难用线性布局实现，或者使用线性布局嵌套的层次太多，可以考虑使用更灵活的相对布局。相对布局容器中子控件的位置是由父控件或者其他兄弟控件定义的。可以使当前的控件与其他控件的边界对齐，或者使其位于某个控件的下面，又或者位于父控件的中间位置。例如在图 2.1 所示的手机 QQ 登录界面中，我们可以通过纵向线性布局去排列每一个控件，也可以通过相对布局实现，如可以设置密码输入框在账号输入框的下面，"登录"按钮在布局中水平居中。在使用相对布局时，子控件默认会从布局的左上角开始显示，所以，需要通过一些属性去设置控件的位置，常用的属性如表 2.1 所示。

表 2.1 相对布局下控件常用的属性

属性	取值	说明
android:layout_above	其他控件 ID	设置当前控件在指定 ID 的控件上方
android:layout_below	其他控件 ID	设置当前控件在指定 ID 的控件下方
android:layout_toLeftOf	其他控件 ID	设置当前控件在指定 ID 的控件左侧
android:layout_toRightOf	其他控件 ID	设置当前控件在指定 ID 的控件右侧
android:layout_alignTop	其他控件 ID	设置当前控件与指定 ID 的控件上边界对齐
android:layout_alignBottom	其他控件 ID	设置当前控件与指定 ID 的控件下边界对齐
android:layout_alignLeft	其他控件 ID	设置当前控件与指定 ID 的控件左边界对齐
android:layout_alignRight	其他控件 ID	设置当前控件与指定 ID 的控件右边界对齐
android:layout_alignParentTop	true、false	设置当前控件是否和父布局的上方对齐
android:layout_alignParentBottom	true、false	设置当前控件是否和父布局的下方对齐
android:layout_alignParentLeft	true、false	设置当前控件是否和父布局的左边界对齐
android:layout_alignParentRight	true、false	设置当前控件是否和父布局的右边界对齐

续表

属性	取值	说明
android:layout_centerHorizontal	true、false	设置当前控件是否在父布局中水平居中
android:layout_centerVertical	true、false	设置当前控件是否在父布局中垂直居中
android:layout_centerInParent	true、false	设置当前控件是否在父布局中居中

任务 2.3　使用相对布局

下面我们通过一个任务看一下相对布局的用法，运行结果如图 2.5 所示。

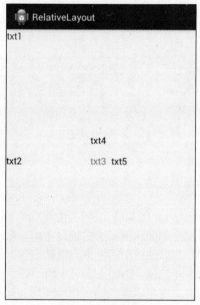

图 2.5　相对布局

- **任务代码**

XML 布局文件（act_layout_relativelayout.xml）：

```xml
<?xml version="1.0" encoding="utf-8"?>
<RelativeLayout xmlns:android="http://schemas.android.com/apk/res/android"
    android:layout_width="match_parent"
    android:layout_height="match_parent" >
    <TextView
        android:id="@+id/txt1"
        android:layout_width="40dp"
        android:layout_height="40dp"
        android:textColor="#F00000"
        android:textSize="18sp"
        android:text="txt1"
        />
    <TextView
        android:id="@+id/txt2"
        android:layout_width="40dp"
        android:layout_height="40dp"
        android:layout_centerVertical="true"   //当前文本框在父布局中垂直居中
```

```
            android:textColor="#0F0000"
            android:textSize="18sp"
            android:text="txt2"
            />
      <TextView
            android:id="@+id/txt3"
            android:layout_width="40dp"
            android:layout_height="40dp"
            android:layout_centerInParent="true"    //当前文本框在父布局中居中
            android:textColor="#00F000"
            android:textSize="18sp"
            android:text="txt3"
            />
      <TextView
            android:id="@+id/txt4"
            android:layout_width="40dp"
            android:layout_height="40dp"
            android:layout_above="@id/txt3"    //当前文本框在 txt3 的上方
            android:layout_alignLeft="@id/txt3"    //当前文本框的左边界与 txt3 的左边界对齐
            android:textColor="#000F00"
            android:textSize="18sp"
            android:text="txt4"
            />
      <TextView
            android:id="@+id/txt5"
            android:layout_width="40dp"
            android:layout_height="40dp"
            android:layout_toRightOf="@id/txt3"    //当前文本框在 txt3 的右边
            android:layout_alignTop="@id/txt3"    //当前文本框的上边界与 txt3 的上边界对齐
            android:textColor="#0000F0"
            android:textSize="18sp"
            android:text="txt5"
            />
</RelativeLayout>
```

在图 2.5 所示界面中，第 1 个 TextView 仅设置了控件的宽度和高度、文字的颜色、文字的大小等，控件默认显示在布局的左上角。第 2 个 TextView 设置了 android:layout_centerVertical="true"属性，控件垂直居中并显示在布局中。第 3 个 TextView 设置了 android:layout_centerInParent="true"属性，控件在布局中处于正中间的位置。第 4 个 TextView 设置了 android:layout_above="@id/txt3"和 android:layout_ alignLeft= "@id/txt3"属性，控件位于 txt3 的上方，且其左边界与 txt3 的左边界对齐。类似地，第 5 个 TextView 在 txt3 的右边，且两个控件的上边界是对齐的。

2.2.3 列表视图

ListView 是 Android 中一个常用的控件，可以用于实现列表视图。它展示了一个垂直可滑动的下拉列表，例如，图 2.6 所示的是手机中常见的文件管理界面。界面打开之后会有一个列表显示手机中所有的文件夹。列表中的每一行称为 ListView 的一个子项。ListView 同样继承自 ViewGroup，但是和之前的 LinearLayout、RelativeLayout 不同，ListView 不是用来控制子控件的布局的，而是可以根据数据源动态地添加每一个子项，其需要显示的列表项由 Adapter 类提供。这样的设计也十分符合 MVC 设计原则：ListView 只负责视图的显示，而 Adapter 则负责提供需要显示的数据。同时，这里还用到了一个设计模式：适配器模式。Adapter 提供了将数据源转换成适合使用 ListView 显示的接口。ListView 有几个常用的属性，如表 2.2 所示。

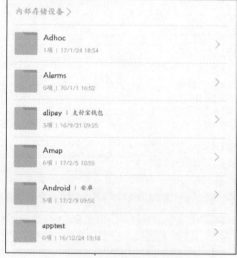

图 2.6　文件管理界面

表 2.2　ListView 的常用属性

属性	说明
android:divider	设置分隔条的 ListView 颜色
android:dividerHeight	设置分隔条的高度
android:entries	设置数组资源，指定 ListView 需要显示的内容

下面我们通过几个任务说明 ListView 的用法。

任务 2.4　通过数组资源文件填充数据

利用 ListView 可以实现图 2.7 所示的效果。

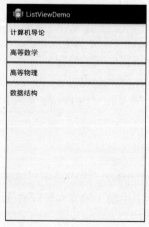

图 2.7　ListView 任务 1

- **任务代码**

XML 配置文件（act_listview_demo1.xml）：

```xml
<?xml version="1.0" encoding="utf-8"?>
<LinearLayout xmlns:android="http://schemas.android.com/apk/res/android"
    android:layout_width="match_parent"
    android:layout_height="match_parent"
    android:orientation="vertical" >
    <ListView
        android:id="@+id/list"
        android:layout_width="match_parent"
        android:layout_height="wrap_content"
        android:divider="#FF0000"    //设置分隔条的颜色
        android:dividerHeight="5dp"    //设置分隔条的高度
        android:entries="@array/subjects"    //设置 ListView 需要显示的数据
        />
</LinearLayout>
```

在布局文件中，只定义了一个 ListView 控件。该控件通过设置 android:divider 属性，定义了 ListView 中两个子项的分隔条，可以为页面指定固定颜色或者 Drawable 资源，这里我们重点关注 ListView 的用法，所以直接设置了一个颜色值。android:dividerHeight 设置了分隔条的高度。android:entries 设置了 ListView 需要显示的数据，这里通过@array 引用了一个数组资源文件。资源文件在 2.6 节会有详细介绍。在 Activity 中加载上述布局即可看到任务效果。

任务 2.5　通过 Adapter 填充数据

在 XML 布局文件中直接设置数据源的方式简单，但不够灵活。可以通过 Adapter 类为 ListView 填充数据。根据数据类型的不同，Android 系统提供了 ArrayAdapter、ListAdapter、SimpleCursorAdapter。

- **任务代码**

Activity 代码：

```java
public class MainActivity extends Activity {
    protected void onCreate(Bundle savedInstanceState) {
        // TODO 自动生成方法存根
        super.onCreate(savedInstanceState);
        setContentView(R.layout.act_listview_demo1);

        ListView listView = (ListView)findViewById(R.id.list); //获取 ListView 控件

        String[] data = {"计算机导论", "高等数学", "高等物理", "数据结构"};
        //定义一个 ArrayAdapter 对象
        ArrayAdapter<String> adapter = new ArrayAdapter<String>
(this, android.R.layout.simple_ list_item_1, data);
        //将 Adapter 填充到 ListView 中
        listView.setAdapter(adapter);
    }
}
```

本任务的布局文件在任务 2.4 的布局文件的基础上去掉了 android:entries 属性，代码运行结果

21

和图 2.7 所示的一致。本任务中，我们首先通过 findViewById() 方法得到 ListView 控件，从该方法的命名也可以看出，它是通过控件的 ID 来获取控件对象的。然后定义了一个 ArrayAdapter 对象，构造方法传入了 3 个参数：第 1 个参数为一个 Context 对象，传入 this 即可；第 2 个参数是一个布局文件，它定义了 ListView 每一个子项的外观，传入的参数是 Android 系统自带的一个布局文件，它用于设置每个子项都是一个普通的 TextView；第 3 个参数是一个字符串数组，它定义了列表显示的数据。

任务 2.6 通过自定义 Adapter 填充数据，显示学生的考试信息

在实际使用 ListView 的过程中，系统提供的 Adapter 类很难满足各种各样的需求，这个时候可以通过自定义 Adapter 填充数据。假设需要开发一个下拉列表显示学生的考试信息，每一个子项分别显示学生的姓氏和考试成绩，运行结果如图 2.8 所示。

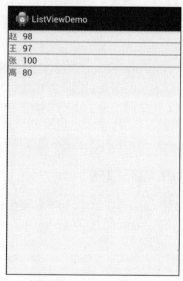

图 2.8 ListView 任务 2

- **任务代码**

Activity 代码：

```
protected void onCreate(Bundle savedInstanceState) {
        super.onCreate(savedInstanceState);
        setContentView(R.layout.act_listview_demo3);

        ListView listView = (ListView)findViewById(R.id.list); //获取 ListView
控件

        //一个自定义的 Adapter
        CustomAdapter adapter = new CustomAdapter(this, getData());
        listView.setAdapter(adapter);    //将 Adapter 填充到 ListView 中
    }

    private List<Student> getData()
    {
        List<Student> stuList = new ArrayList<Student>();    //构造测试数据
```

```
        stuList.add(new Student("赵", "98"));
        stuList.add(new Student("王", "97"));
        stuList.add(new Student("张", "100"));
        stuList.add(new Student("高", "80"));
        return stuList;
    }
```

 注意 可以看出，该任务的 Activity 代码和任务 2.5 的类似，都是给 ListView 设置了一个 Adapter，不同的是它使用了一个自定义的 Adapter：CustomAdapter。

CustomAdapter 代码：

```java
public class CustomAdapter extends BaseAdapter
{
    private List<Student> mData = new ArrayList<Student>();
    private LayoutInflater flater;

    public CustomAdapter(Context context, List<Student> list)
    {
        mData.addAll(list);
        flater = LayoutInflater.from(context);
    }
    public int getCount() {
        if(null != mData)
        {
            return mData.size();
        }
        return 0;
    }
    public Object getItem(int position) {
        if(null != mData && position < mData.size())
        {
            return mData.get(position);
        }
        return null;
    }
    @Override
    public long getItemId(int position) {
        return 0;
    }
    @Override
    public View getView(int position, View convertView, ViewGroup parent) {
        if(null == convertView)
        {
            //为每一个子项加载布局
            convertView = flater.inflate(R.layout.view_list_item, null);
        }
        //获取子项布局文件中的控件
        TextView txtName = (TextView)convertView.findViewById(R.id.txt_name);
```

```
        TextView txtGrade = (TextView)convertView.findViewById(R.id.txt_grade);

        Student stuInfo = (Student)getItem(position);    //根据 position 获取数据
        if(null != stuInfo)
        {
            txtName.setText(stuInfo.getName());   //使用该方法可以给文本框设置显示的内容
            txtGrade.setText(stuInfo.getGrade());
        }
        return convertView;
    }
}
```

view_list_item.xml 代码：

```xml
<?xml version="1.0" encoding="utf-8"?>
<LinearLayout xmlns:android="http://schemas.android.com/apk/res/android"
    android:layout_width="match_parent"
    android:layout_height="match_parent"
    android:orientation="horizontal" >
    <TextView
        android:id="@+id/txt_name"
        android:layout_width="30dp"
        android:layout_height="wrap_content"
        android:gravity="left"
        android:textColor="#FF0000"
        android:textSize="18sp" />
    <TextView
        android:id="@+id/txt_grade"
        android:layout_width="40dp"
        android:layout_height="wrap_content"
        android:gravity="left"
        android:textColor="#0000FF"
        android:textSize="18sp" />
</LinearLayout>
```

CustomAdapter 类继承自 BaseAdapter 类，构造函数接收两个参数：一个是 Context 对象；一个是数据源。数据源的类型不限于 List 类型，可以是其他类型。CustomAdapter 类重写了父类的相关方法，其中最重要的是 getView()方法，系统会多次调用 getView()方法去生成 ListView 的每一个子项。在 getView()方法中，通过 inflate()方法加载了一个布局文件 view_list_item.xml，这个布局文件定义了 ListView 每一个子项的外观。getView()有一个入参是 position，它代表当前子项是 ListView 中的第几个子项。在代码中可以通过 position 获取对应的数据，然后将数据设置给每一个子项中的控件。在 view_list_item.xml 布局文件中，定义了两个 TextView，它们分别用于显示学生的姓名和成绩。

2.2.4　网格视图

GridView 也是 Android 中常用的一个组件，使用它可以实现网格视图。GridView 和 ListView 都继承自 AbsListView，所以两者在功能和用法上都比较类似。但是网格视图是一个二维视图，例如，图 2.9 所示的是支付宝的应用中心界面，其中的每个应用的图标以网格的形式排列，可以上下滑动。

图 2.9　支付宝的应用中心界面

和 ListView 一样，GridView 只负责视图的显示，数据源由 Adapter 提供。GridView 也有一些需要设置的相关属性，如表 2.3 所示。

表 2.3　GridView 的相关属性

属性	说明
android:columnWidth	设置列的宽度
android:numColumns	设置列的个数
android:verticalSpacing	设置每两行之间的垂直间距
android:horizontalSpacing	设置每两列之间的水平间距
android:stretchMode	设置拉伸模式
android:gravity	设置每一格中内容的对齐方式

任务 2.7　以网格的形式排列显示数字 1～9

本任务我们只是简单定义一个 GridView，设置 GridView 的相关属性，说明 GridView 的用法，运行结果如图 2.10 所示。

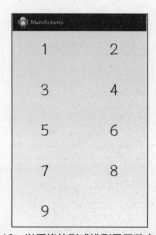

图 2.10　以网格的形式排列显示数字 1～9

- 任务代码

Activity 代码：

```
protected void onCreate(Bundle savedInstanceState) {
        super.onCreate(savedInstanceState);
        setContentView(R.layout.act_main);
        GridView gridView = (GridView)findViewById(R.id.gridview);        //获取
GridView 控件

    //创建一个自定义的 Adapter
    CustomAdapter adapter = new CustomAdapter(this, getData());
    gridView.setAdapter(adapter);
    }

    //构造数据
    private List<String> getData()
    {
        List<String> data = new ArrayList<String>();
        data.add("1");
        data.add("2");
        data.add("3");
        data.add("4");
        data.add("5");
        data.add("6");
        data.add("7");
        data.add("8");
        data.add("9");
        return data;
    }
```

CustomAdapter 类代码：

```
package com.gridview.adapter;

import java.util.ArrayList;
import java.util.List;

import com.demo.gridview.R;

import android.content.Context;
import android.view.LayoutInflater;
import android.view.View;
import android.view.ViewGroup;
import android.widget.BaseAdapter;
import android.widget.ImageView;
import android.widget.TextView;

public class CustomAdapter extends BaseAdapter{
    private LayoutInflater mInflater;
    private List<String> mData = new ArrayList<String>();
    public CustomAdapter(Context context, List<String> list)
    {
```

```
        mInflater = LayoutInflater.from(context);
        mData.addAll(list);
    }
    public int getCount()
    {
        if(null == mData || mData.isEmpty())
        {
            return 0;
        }
        return mData.size();
    }
    public Object getItem(int position)
    {
        if(null == mData || position > mData.size() - 1)
        {
            return null;
        }
        return mData.get(position);
    }
    public long getItemId(int position)
    {
        return 0;
    }
    public View getView(int position, View convertView, ViewGroup parent)
    {
        convertView = mInflater.inflate(R.layout.gridview_item, null);
        TextView txtview = (TextView)convertView.findViewById(R.id.txt);
        String value = (String)mData.get(position);
        if(null != value)
        {
            txtview.setText(value);
        }
        return convertView;
    }
}
```

act_main.xml 代码：

```
<RelativeLayout xmlns:android="http://schemas.android.com/apk/res/android"
    xmlns:tools="http://schemas.android.com/tools"
    android:layout_width="match_parent"
    android:layout_height="match_parent"
    >
    <GridView android:id="@+id/gridview"
        android:layout_width="match_parent"
        android:layout_height="wrap_content"
        android:columnWidth="120dp"      //设置列的宽度
        android:numColumns="auto_fit"     //设置列的个数自适应列的宽度和内容
        android:verticalSpacing="10dp"     //设置每两行之间的垂直间距
        android:horizontalSpacing="10dp"    //设置每两列之间的水平间距
        android:gravity="center"/>
</RelativeLayout>
```

从代码中可以看到，GridView 的使用方法和 ListView 的非常相似，都是通过 setAdapter() 方法给视图设置数据源，Adapter 的自定义方式与前文介绍的一致。

2.3 常用控件

常用控件

我们在 2.1 节中介绍过控件的概念，它们是组成 Android 界面的基本元素。无论多么复杂美观的应用界面，都可以通过组合基本控件实现。本节我们将介绍一些常用的控件。

2.3.1 文本框和编辑框

文本框通过 TextView 控件实现，用于文字的显示。编辑框通过 EditText 实现，EditText 继承自 TextView，其属性和用法与 TextView 的一致，只不过它允许用户改变其中的内容。文本框的属性如表 2.4 所示。

表 2.4 文本框的属性

属性	说明
android:text	设置文本框显示的文字
android:textSize	设置显示文字的大小
android:textColor	设置显示文字的颜色
android:gravity	设置文字在文本框中的位置
android:ellipsize	设置文字内容超过文本框大小时的显示方式
android:password	设置是否以点代替显示输入的文字
android:editable	设置文本框是否可编辑
android:hint	设置当文本框的内容为空时显示的提示文字
android:singleLine	设置是否单行显示
android:autoLink	设置是否将指定格式的文本转化为可单击的超链接
android:cursorVisible	设置光标是否可见
android:drawableLeft	设置在文本框中文本的左侧显示指定图片

表 2.4 中有两个属性的取值需要特别说明一下。

（1）android:ellipsize 的取值如下所示。

none：不做任何处理。

start：在文字的起始处显示省略号。

middle：在文字的中间显示省略号。

end：在文字的结尾处显示省略号。

marquee：文字滚动显示。

（2）android:autoLink 的取值如下所示。

none：不进行文本检测。

web：将文本框中的网址转换为超链接。

email：将文本框中的邮箱地址转换为超链接。

phone：将文本框中的电话号码转换为超链接。

map：将文本框中的地址转换为超链接。

all：等价于同时设置为 web、email、phone 和 map。

下面我们通过几个任务来介绍一下文本框和编辑框的使用。

任务 2.8　显示不同颜色、对齐方式和字体大小的文字

本任务配置文件中定义了 3 个文本框，设置了 3 种不同的文字颜色和文字对齐方式，字体大小逐渐增大，运行结果如图 2.11 所示。

图 2.11　显示不同颜色、对齐方式和字体大小的文字

• **任务代码**

XML 配置文件（act_txt1.xml）：

```xml
<LinearLayout xmlns:android="http://schemas.android.com/apk/res/android"
    xmlns:tools="http://schemas.android.com/tools"
    android:layout_width="match_parent"
    android:layout_height="match_parent"
    android:orientation="vertical"
    >
<TextView
    android:id="@+id/txt1"
    android:layout_width="match_parent"
    android:layout_height="wrap_content"
    android:gravity="left"    //文字靠左显示
    android:textSize="18sp"    //文字大小为 18sp
    android:textColor="#FF0000"    //文字颜色为红色
    android:text="Hello World"
    />
<TextView
    android:id="@+id/txt2"
    android:layout_width="match_parent"
    android:layout_height="wrap_content"
    android:gravity="center"    //文字居中显示
    android:textSize="28sp"    //文字大小为 28sp
    android:textColor="#00FF00"    //文字颜色为绿色
```

```
        android:text="Hello World"
          />
    <TextView
        android:id="@+id/txt3"
        android:layout_width="match_parent"
        android:layout_height="wrap_content"
        android:gravity="right"    //文字靠右显示
        android:textSize="38sp"    //文字大小为38sp
        android:textColor="#0000FF"    //文字颜色为蓝色
        android:text="Hello World"
          />
</LinearLayout>
```

任务 2.9　超长文本的处理

本任务配置文件中定义了 4 种按不同的属性值显示的超长文本：第 1 个文本框指定在文字的起始处显示省略号，第 2 个文本框指定在文字的中间显示省略号，第 3 个文本框指定在文字的结尾处显示省略号，第 4 个文本框指定文字滚动显示。另外设置了属性 android:singleLine=true，控制文本单行显示，否则超长的文本会自动换行显示。本任务运行结果如图 2.12 所示。

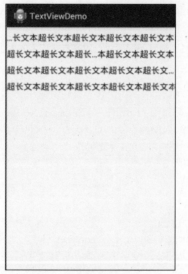

图 2.12　超长文本的处理

- **任务代码**

XML 配置文件（act_txt2.xml）：

```
<LinearLayout xmlns:android="http://schemas.android.com/apk/res/android"
    xmlns:tools="http://schemas.android.com/tools"
    android:layout_width="match_parent"
    android:layout_height="match_parent"
    android:orientation="vertical"
     >
    <TextView
        android:id="@+id/txt1"
        android:layout_width="match_parent"
```

```
        android:layout_height="wrap_content"
        android:layout_marginTop="10dp"
        android:textSize="18sp"
        android:textColor="#0000FF"
        android:singleLine="true"    //单行显示
        android:ellipsize="start"    //文本超长时在文字的起始处显示省略号
        android:text="超长文本超长文本超长文本超长文本超长文本"
        />
    <TextView
        android:id="@+id/txt2"
        android:layout_width="match_parent"
        android:layout_height="wrap_content"
        android:layout_marginTop="10dp"
        android:textSize="18sp"
        android:textColor="#0000FF"
        android:singleLine="true"    //单行显示
        android:ellipsize="middle"    //文本超长时在文字的中间显示省略号
        android:text="超长文本超长文本超长文本超长文本超长文本"
        />
    <TextView
        android:id="@+id/txt3"
        android:layout_width="match_parent"
        android:layout_height="wrap_content"
        android:layout_marginTop="10dp"
        android:textSize="18sp"
        android:textColor="#0000FF"
        android:singleLine="true"    //单行显示
        android:ellipsize="end"    //文本超长时在文字的结尾处显示省略号
        android:text="超长文本超长文本超长文本超长文本超长文本"
        />
    <TextView
        android:id="@+id/txt4"
        android:layout_width="match_parent"
        android:layout_height="wrap_content"
        android:layout_marginTop="10dp"
        android:textSize="18sp"
        android:textColor="#0000FF"
        android:focusable="true"
        android:singleLine="true"    //单行显示
        android:ellipsize="marquee"    //文本超长时文字滚动显示
        android:marqueeRepeatLimit="marquee_forever"    //设置滚动为一直滚动
        android:text="超长文本超长文本超长文本超长文本超长文本"
        />
</LinearLayout>
```

任务 2.10　将指定格式的文本转化为可单击的超链接

本任务配置文件中定义了 3 个文本框，分别将其中的网址、邮箱地址、电话号码转化为可以单击的超链接，运行结果如图 2.13 所示。

图 2.13　将指定格式的文本转化为可单击的超链接

- 任务代码

XML 配置文件（act_txt3.xml）：

```xml
<LinearLayout xmlns:android="http://schemas.android.com/apk/res/android"
    xmlns:tools="http://schemas.android.com/tools"
    android:layout_width="match_parent"
    android:layout_height="match_parent"
    android:orientation="vertical"
    >
    <TextView
        android:id="@+id/txt1"
        android:layout_width="match_parent"
        android:layout_height="wrap_content"
        android:layout_marginTop="10dp"
        android:textSize="18sp"
        android:textColor="#0000FF"
        android:autoLink="web"
        android:text="人邮的网址是: http://www.ptpress.com.cn"
         />
    <TextView
        android:id="@+id/txt2"
        android:layout_width="match_parent"
        android:layout_height="wrap_content"
        android:layout_marginTop="10dp"
        android:textSize="18sp"
        android:textColor="#0000FF"
        android:autoLink="email"
        android:text="我的邮箱是: 123@126.com"
         />
    <TextView
        android:id="@+id/txt1"
```

```
        android:layout_width="match_parent"
        android:layout_height="wrap_content"
        android:layout_marginTop="10dp"
        android:textSize="18sp"
        android:textColor="#0000FF"
        android:autoLink="phone"
        android:text="我的联系方式是: 12345678910"
        />
</LinearLayout>
```

2.3.2 按钮

按钮通过 Button 控件实现。Button 控件继承自 TextView 类，它可以供用户单击，当用户单击之后，就会触发 onClick 事件（单击事件），可以通过监听单击事件进行一些自定义的处理。图 2.1 所示的手机 QQ 登录界面的"登录"按钮就是通过一个 Button 控件实现的。

任务 2.11 切换"Hello"和"World"的显示

下面我们通过一个任务介绍 Button 的用法，运行结果如图 2.14 所示，图（a）是初始显示，图（b）是单击"切换"按钮后的显示。

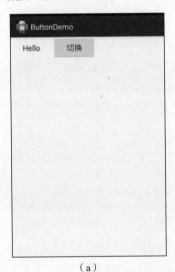
（a）

（b）

图 2.14 切换"Hello"和"World"的显示

● 任务代码

XML 配置文件（act_btn.xml）：

```xml
<?xml version="1.0" encoding="utf-8"?>
<LinearLayout xmlns:android="http://schemas.android.com/apk/res/android"
    android:layout_width="match_parent"
    android:layout_height="match_parent"
    android:orientation="horizontal" >
    <TextView
        android:id="@+id/txt"
        android:layout_width="100dp"
        android:layout_height="50dp"
```

```
            android:textSize="18sp"
            android:textColor="#0000FF"
            android:gravity="center"
            android:text="Hello"/>
        <Button
            android:id="@+id/btn"
            android:layout_width="100dp"
            android:layout_height="50dp"
            android:textSize="18sp"
            android:textColor="#0000FF"
            android:gravity="center"
            android:text="切换"/>
    </LinearLayout>
```

Activity 代码（MainActivity.java）：

```
public class MainActivity extends Activity {
    protected void onCreate(Bundle savedInstanceState) {
        super.onCreate(savedInstanceState);
        setContentView(R.layout.act_btn);
        initWidget();
    }
    private void initWidget()
    {
        Button btn = (Button)findViewById(R.id.btn);   //获取 Button 控件
        btn.setOnClickListener(new OnClickListener() {   //为 Button 控件设置单击
事件监听器

            public void onClick(View v) {
                TextView txt = (TextView)findViewById(R.id.txt);  //获取 TextView
控件

                String str = txt.getText().toString(); //获取 TextView 当前显示的文字
                //切换显示 "Hello" 和 "World"
                txt.setText("Hello".equals(str) ? "World" : "Hello");
            }
        });
    }
}
```

本任务配置文件中定义了一个 TextView 控件和一个 Button 控件，可以看到，除 text 属性之外，Button 控件的属性设置和 TextView 控件的一致。

在 Activity 代码中，首先通过 findViewById()方法获取了 Button 控件，然后为 Button 控件设置了一个单击事件监听器，用于监听用户的单击操作，即当用户进行单击操作后，对界面文本框中的文字进行判断，切换"Hello"和"World"的显示。

2.3.3 单选按钮和复选框

在有些界面中，信息并不一定完全需要由用户输入，系统可以提供一组信息让用户进行选择，这可以通过单选按钮和复选框实现。单选按钮和复选框分别通过 RadioButton 控件和 CheckBox 控件实现，两者都继承自 Button 控件，因此它们可以使用 Button 控件的属性和方法。相比于普通的按钮，它们多了一个"选中"的概念。

任务 2.12　选择性别与爱好

下面我们通过一个任务介绍单选按钮和复选框的用法，运行结果如图 2.15 所示。

图 2.15　单选按钮和复选框

- **任务代码**

XML 配置文件（act_main.xml）：

```xml
<?xml version="1.0" encoding="utf-8"?>
<LinearLayout xmlns:android="http://schemas.android.com/apk/res/android"
    android:layout_width="match_parent"
    android:layout_height="match_parent"
    android:orientation="vertical" >
    <RadioGroup
        android:id="@+id/radioGroup"
        android:layout_width="300dp"
        android:layout_height="50dp"
        android:gravity="center_vertical"
        android:orientation="horizontal" >
        <RadioButton
            android:id="@+id/radio_male"
            android:layout_width="wrap_content"
            android:layout_height="wrap_content"
            android:checked="true"
            android:text="男"
            android:textSize="18sp" />
        <RadioButton
            android:id="@+id/radio_female"
            android:layout_width="wrap_content"
            android:layout_height="wrap_content"
            android:text="女"
            android:textSize="18sp" />
    </RadioGroup>
```

```xml
    <LinearLayout
        android:layout_width="match_parent"
        android:layout_height="wrap_content"
        android:orientation="horizontal" >
        <CheckBox
            android:id="@+id/checkbox_run"
            android:layout_width="wrap_content"
            android:layout_height="wrap_content"
            android:text="跑步"
            android:textSize="18sp" />
        <CheckBox
            android:id="@+id/checkbox_swim"
            android:layout_width="wrap_content"
            android:layout_height="wrap_content"
            android:text="游泳"
            android:textSize="18sp" />
        <CheckBox
            android:id="@+id/checkbox_reading"
            android:layout_width="wrap_content"
            android:layout_height="wrap_content"
            android:text="读书"
            android:textSize="18sp" />
    </LinearLayout>
</LinearLayout>
```

Activity 代码：

```java
public class MainActivity extends Activity {

    private String mRadioValue = "";
    private List<String> mCheckBoxValue = new ArrayList<String>();

    protected void onCreate(Bundle savedInstanceState) {
        super.onCreate(savedInstanceState);
        setContentView(R.layout.act_main);
        initWidget();
    }

    private void initWidget()
    {
        //获取 RadioGroup 控件
        RadioGroup radioGroup = (RadioGroup) findViewById(R.id.radioGroup);
    radioGroup.setOnCheckedChangeListener(new
RadioGroup.OnCheckedChangeListener() {  //为 RadioGroup 控件设置监听事件
                public void onCheckedChanged(RadioGroup group, int checkedId) {
                    int radioId = group.getCheckedRadioButtonId();
                    switch (radioId) {
                    case R.id.radio_male:    //选中的按钮是"男"
                        mRadioValue = "男";
                        break;
                    case R.id.radio_female:    //选中的按钮是"女"
```

```
                            mRadioValue = "女";
                            break;
                        default:
                            mRadioValue = "男";
                            break;
                    }
                }
            });
        CheckBox checkRun = (CheckBox) findViewById(R.id.checkbox_run);    //获
取复选框控件
        CheckBox checkReading = (CheckBox) findViewById(R.id.checkbox_reading);
        CheckBox checkSwim = (CheckBox) findViewById(R.id.checkbox_swim);
        checkRun.setOnCheckedChangeListener(checkedListener);    //为复选框控件
设置监听事件
        checkReading.setOnCheckedChangeListener(checkedListener);
        checkSwim.setOnCheckedChangeListener(checkedListener);
    }
    OnCheckedChangeListener checkedListener = new OnCheckedChangeListener() {
    public void onCheckedChanged(CompoundButton buttonView,
            boolean isChecked) {
        switch (buttonView.getId()) {
        case R.id.checkbox_run: {    //选择的是“跑步”
            if (isChecked) {    //检测选中状态
              mCheckBoxValue.add("run");    //如果选中了，将值添加到集合中
            } else {
              mCheckBoxValue.remove("run");    //如果取消选中，将值移除
            }
            break;
              }
            case R.id.checkbox_reading: {    //选择的是“读书”
            if (isChecked) {
              mCheckBoxValue.add("reading");
            } else {
              mCheckBoxValue.remove("reading");
            }
            break;
        }
        case R.id.checkbox_swim: {    //选择的是“游泳”
            if (isChecked) {
              mCheckBoxValue.add("swimming");
            } else {
              mCheckBoxValue.remove("swimming");
            }
            break;
        }
        default:
            break;
        }
```

```
        }
    };
}
```

本任务配置文件首先定义了一个 RadioGroup 控件，在其中放置 RadioButton 控件，这样可以保证"男"和"女"两个单选按钮只被选择一次。接着定义了一个 LinearLayout 控件，方向为水平布局，在其中放置了 3 个复选框。

在 Activity 中，首先分别获取了单选按钮和复选框控件，然后为其设置监听事件，并获取相应的信息。

2.3.4 图片控件

图片控件通过 ImageView 实现，它主要用于显示图片。ImageView 的使用方法也比较简单，表 2.5 列出了一些 ImageView 常见的属性。

表 2.5　ImageView 常见的属性

属性	说明
android:adjustViewBounds	设置 ImageView 控件是否调整自己的边界保持所显示图片的长宽比例
android:maxHeight	设置 ImageView 控件的最大高度
android:maxWidth	设置 ImageView 控件的最大宽度
android:scaleType	设置图片如何调整自己的大小去适应 ImageView 控件的大小
android:src	设置 ImageView 显示的 Drawable 对象

其中，android:scaleType 的取值如表 2.6 所示。

表 2.6　android:scaleType 的取值

取值	说明
matrix	默认的显示方式，不改变图片的大小，从 ImageView 的左上角开始显示，超出 ImageView 的部分裁剪掉
fitXY	对图片横向、纵向缩放，使得图片在显示时填满整个 ImageView
fitStart	保持图片的纵横比进行缩放，直至图片较长的一边和 ImageView 对应的边相等，然后使图片显示在 ImageView 的左上部分
fitCenter	保持图片的纵横比进行缩放，直至图片较长的一边和 ImageView 对应的边相等，图片居中显示
fitEnd	保持图片的纵横比进行缩放，直至图片较长的一边和 ImageView 对应的边相等，然后使图片显示在 ImageView 的右下部分
center	保持原图的大小，将图片显示在 ImageView 的中间，超出 ImageView 的部分裁剪掉
centerCrop	原图大小小于 ImageView 大小时，保持图片的纵横比将图片放大，直至图片填满整个 ImageView，超出 ImageView 的部分裁剪掉
centerInside	保持图片的纵横比进行缩放，直至原图完全显示在 ImageView 中

下面我们通过任务介绍 ImageView 的用法，并带领读者直观地感受 android:scaleType 属性不同取值对图片的处理的影响。

任务 2.13　展示大小大于或小于 ImageView 控件的大小的图片

定义 ImageView 控件的大小为 200dp×200dp 之后，选取两张图片进行展示。图 2.16 所示的是待展示的图片，图（a）的大小大于 ImageView 控件的大小，图（b）的大小小于 ImageView

控件的大小。图 2.17 所示为 ImageView 的展示效果。为了对比图片在 ImageView 中的位置，我们将 ImageView 的背景颜色设置为蓝色。

（a）　　　　　　　　　　（b）

图 2.16　待展示的图片

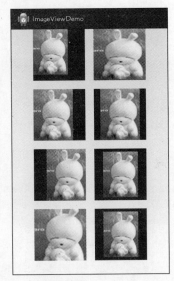

图 2.17　ImageView 的展示效果

- **任务代码**

XML 配置文件（act_main.xml）：

```xml
<LinearLayout xmlns:android="http://schemas.android.com/apk/res/android"
    xmlns:tools="http://schemas.android.com/tools"
    android:layout_width="match_parent"
    android:layout_height="match_parent"
    android:orientation="vertical" >

    <LinearLayout
        android:layout_width="match_parent"
        android:layout_height="wrap_content"
```

```
                android:gravity="center"
                android:orientation="horizontal">
                <ImageView
                    android:id="@+id/img1"
                    android:layout_width="120dp"
                    android:layout_height="120dp"
                    android:scaleType="matrix"
                    android:background="#0000FF"
                    android:src="@drawable/pic1"
                    />
                <ImageView
                    android:id="@+id/img2"
                    android:layout_width="120dp"
                    android:layout_height="120dp"
                    android:layout_marginLeft="20dp"
                    android:scaleType="fitXY"
                    android:background="#0000FF"
                    android:src="@drawable/pic1"
                    />
        </LinearLayout>

        <LinearLayout
            android:layout_width="match_parent"
            android:layout_height="wrap_content"
            android:layout_marginTop="20dp"
            android:gravity="center"
            android:orientation="horizontal">
            <ImageView
                android:id="@+id/img3"
                android:layout_width="120dp"
                android:layout_height="120dp"
                android:scaleType="fitStart"
                android:background="#0000FF"
                android:src="@drawable/pic1"
                />
            <ImageView
                android:id="@+id/img4"
                android:layout_width="120dp"
                android:layout_height="120dp"
                android:layout_marginLeft="20dp"
                android:scaleType="fitCenter"
                android:background="#0000FF"
                android:src="@drawable/pic1"
                />
        </LinearLayout>

        <LinearLayout
            android:layout_width="match_parent"
            android:layout_height="wrap_content"
            android:layout_marginTop="20dp"
            android:gravity="center"
```

```
        android:orientation="horizontal">
        <ImageView
            android:id="@+id/img5"
            android:layout_width="120dp"
            android:layout_height="120dp"
            android:scaleType="fitEnd"
            android:background="#0000FF"
            android:src="@drawable/pic1"
            />
        <ImageView
            android:id="@+id/img6"
            android:layout_width="120dp"
            android:layout_height="120dp"
            android:layout_marginLeft="20dp"
            android:scaleType="center"
            android:background="#0000FF"
            android:src="@drawable/pic1"
            />
    </LinearLayout>

    <LinearLayout
        android:layout_width="match_parent"
        android:layout_height="wrap_content"
        android:layout_marginTop="20dp"
        android:gravity="center"
        android:orientation="horizontal">
        <ImageView
            android:id="@+id/img7"
            android:layout_width="120dp"
            android:layout_height="120dp"
            android:scaleType="centerCrop"
            android:background="#0000FF"
            android:src="@drawable/pic1"
            />
        <ImageView
            android:id="@+id/img8"
            android:layout_width="120dp"
            android:layout_height="120dp"
            android:layout_marginLeft="20dp"
            android:scaleType="centerInside"
            android:background="#0000FF"
            android:src="@drawable/pic1"
            />
    </LinearLayout>
</LinearLayout>
```

2.3.5 进度条和拖动条

在 Android 应用中,我们经常会用到进度条和拖动条。进度条可以用来显示当前操作的进度;拖动条在进度条的基础上做了扩展,允许用户随意改变当前的进度,例如在音乐或视频播放器中,用户可以拖动滑块实现快进或快退。进度条通过 ProgressBar 实现，拖动条通过 SeekBar 实现。表 2.7 说明了 ProgressBar 一些常见的属性。

表 2.7　ProgressBar 常见的属性

属性	说明
android:max	设置进度条的最大值
android:maxHeight	设置进度条的最大高度
android:maxWidth	设置进度条的最大宽度
android:minHeight	设置进度条的最小高度
android:minWidth	设置进度条的最小宽度
android:progress	设置进度条当前默认显示的进度

下面我们通过一个任务说明进度条的使用方法。

任务 2.14　使用进度条

本任务首先在 XML 配置文件中定义了一个进度条对象，设置进度条的样式为水平显示，进度条的最大值为 100。然后在 Activity 中获取 ProgressBar 控件，每隔 1s 调用 setProgress()函数刷新一次进度显示，运行结果如图 2.18 所示。

- **任务代码**

Activity 代码：

```
public class MainActivity extends Activity {
    private int progress = 0;
    private ProgressBar progressBar;   //定义一个进度条对象
    private Handler mHandler = new Handler();
    private Runnable task = new Runnable()   //定义一个线程，不断更新当前进度
    {
        public void run() {
            ++progress;   //进度自增
            progressBar.setProgress(progress);   //设置进度条当前显示的进度
            if(progress >= 100)   //进度条达到最大值
            {
                mHandler.removeCallbacks(this);
            }else
            {
                mHandler.postDelayed(this, 1000);
            }
        }
    };
    protected void onCreate(Bundle savedInstanceState) {
        super.onCreate(savedInstanceState);
        setContentView(R.layout.activity_main);
        progressBar = (ProgressBar)findViewById(R.id.progress);       // 获 取
ProgressBar 控件
        mHandler.postDelayed(task, 1000);   //每隔 1s 刷新一次进度显示
    }
}
```

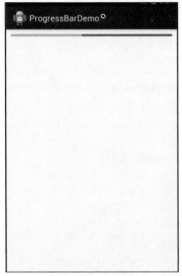

图 2.18　进度条

XML 配置文件：

```
<RelativeLayout xmlns:android="http://schemas.android.com/apk/res/android"
   xmlns:tools="http://schemas.android.com/tools"
   android:layout_width="match_parent"
   android:layout_height="match_parent"
    >

   <ProgressBar    //定义一个进度条
       android:id="@+id/progress"
       android:layout_width="match_parent"
       android:layout_height="5dp"
       android:layout_marginTop="10dp"
       android:layout_marginLeft="10dp"
       android:layout_marginRight="10dp"
       android:max="100"    //将进度条的最大值设置为100
       android:progress="0"    //将进度条当前默认显示的进度设置为0
       style="@android:style/Widget.ProgressBar.Horizontal"/>    //将进度条的样
式设置为水平显示
   </RelativeLayout>
```

任务 2.15　使用拖动条

拖动条和进度条类似，只不过多了一个滑块可供用户拖动。SeekBar 可以通过属性
android:thumb 来改变滑块的显示。下面我们通过一个任务说明 SeekBar 的使用方法，运行结果
如图 2.19 所示。

- **任务代码**

Activity 代码：

```
public class MainActivity extends Activity {
    protected void onCreate(Bundle savedInstanceState) {
        super.onCreate(savedInstanceState);
        setContentView(R.layout.activity_main);
```

```
        initWidget();
    }
    private void initWidget()
    {
        final TextView txtShow = (TextView)findViewById(R.id.txt_show);
        SeekBar seekBar = (SeekBar)findViewById(R.id.seekbar);
        //为拖动条添加监听事件
        seekBar.setOnSeekBarChangeListener(new OnSeekBarChangeListener()
        {
            //拖动产生进度改变时回调该方法
            public void onProgressChanged(SeekBar seekBar, int progress,
                    boolean fromUser) {
                txtShow.setText("当前进度为: " + progress);  //进度变化时显示当前进度
            }
            //刚开始拖动时回调该方法
            public void onStartTrackingTouch(SeekBar seekBar) {
                // TODO 自动生成方法存根
            }
            //拖动停止时回调该方法
            public void onStopTrackingTouch(SeekBar seekBar) {
                // TODO 自动生成方法存根
            }
        });
    }
}
```

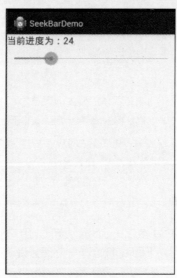

图 2.19　拖动条

XML 配置文件：

```
<LinearLayout xmlns:android="http://schemas.android.com/apk/res/android"
    xmlns:tools="http://schemas.android.com/tools"
    android:layout_width="match_parent"
    android:layout_height="match_parent"
```

```
        android:orientation="vertical" >
        <TextView
            android:id="@+id/txt_show"
            android:layout_width="match_parent"
            android:layout_height="wrap_content"
            android:textSize="20sp"/>
        <SeekBar //定义一个拖动条
            android:id="@+id/seekbar"
            android:layout_width="match_parent"
            android:layout_height="wrap_content"
            android:layout_marginTop="10dp"
            android:progress="10"
            android:max="100"/>
    </LinearLayout>
```

从配置文件中可以看到，拖动条的配置与进度条的类似。在 Activity 中，可以调用 setOnSeekBarChangeListener()为拖动条添加监听事件。当有拖动事件产生时，系统会回调当前拖动的进度，在 onProgressChanged()方法中获取当前进度并做相应的处理。

2.4 对话框

对话框是一种比较常见的用于交互的控件，是提示用户做出决定或者输入额外信息的窗口，一般不会填充整个屏幕，需要用户进一步操作之后才能继续执行。Android 中对话框对应的基类是 Dialog，一般使用其子类 AlertDialog、ProgressDialog 等。其中，AlertDialog 功能最丰富，应用最广泛。

2.4.1 简单对话框

AlertDialog 提供了一些方法用于生成包含消息和操作按钮的对话框。对话框的内容还可以是列表或者自定义的 View。对话框可通过 AlertDialog.Builder 类进行设置。AlertDialog.Builder 类支持的方法如表 2.8 所示。

表 2.8 AlertDialog.Builder 类支持的方法

方法	说明
create()	创建一个 AlertDialog 对话框
setCancelable(boolean cancelable)	设置当前对话框是否可以被取消
setIcon(Drawable icon)	设置对话框的标题图标
setItems(CharSequence[] items, DialogInterface.OnClickListener listener)	将对话框的内容设置为列表
setMessage(CharSequence message)	设置对话框显示的消息
setNegativeButton(CharSequence text, DialogInterface.OnClickListener listener)	设置取消按钮的显示和事件处理
setPositiveButton(CharSequence text, DialogInterface.OnClickListener listener)	设置确定按钮的显示和事件处理
setTitle(CharSequence title)	设置对话框显示的标题
show()	显示对话框
setView(View view)	将对话框的内容区域设置为自定义的 View

下面我们通过一个任务说明 AlertDialog 的使用。

任务 2.16　使用简单对话框

本任务是在 Activity 中定义一个按钮，在用户单击按钮之后，使用 AlertDialog.Builder 创建一个对话框并使其显示在界面上。对话框设置了标题、消息和两个按钮，运行结果如图 2.20 所示。

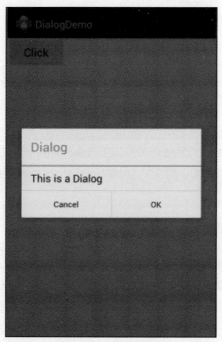

图 2.20　简单对话框

- **任务代码**

Activity 代码：

```
public class MainActivity extends Activity {
    protected void onCreate(Bundle savedInstanceState) {
        super.onCreate(savedInstanceState);
        setContentView(R.layout.activity_main);
        Button btn = (Button)findViewById(R.id.btn_dialog);    //获取布局中的按钮
        //定义一个 AlertDialog.Builder 对象
        final AlertDialog.Builder builder = new AlertDialog.Builder(this);
        btn.setOnClickListener(new OnClickListener() {
            public void onClick(View v) {
                builder.setTitle("Dialog");    //设置对话框的标题
                builder.setMessage("This is a Dialog");  //设置对话框显示的消息的内容
                //为对话框添加"OK"按钮
                builder.setPositiveButton("OK", new DialogInterface.
OnClickListener()
                {
                    public void onClick(DialogInterface dialog, int which) {
                        Toast.makeText(MainActivity.this, "press OK", Toast. ENGTH_
LONG).show();
```

```
                    }
                });
                //为对话框添加"Cancel"按钮
                builder.setNegativeButton("Cancel", new DialogInterface.OnClick
Listener()
                {
                    public void onClick(DialogInterface dialog, int which) {
                        Toast.makeText(MainActivity.this, "press Cancel", Toast.
LENGTH_ LONG).show();
                    }
                });
                builder.create().show();    //创建对话框并使其显示在界面上
            }
        });
    }
}
```

2.4.2 列表对话框

AlertDialog 除 了 可 以 创 建 简 单 的 对 话 框 之 外 ， 还 可 以 创 建 列 表 对 话 框 。 调 用 AlertDialog.Builder 对应的 set×××Items()方法可以创建简单的列表、带有单选按钮的列表、带有复选框的列表。

任务 2.17　使用列表对话框选择语言

下面我们以带有复选框的列表内容为例，创建一个列表对话框，运行结果如图 2.21 所示。

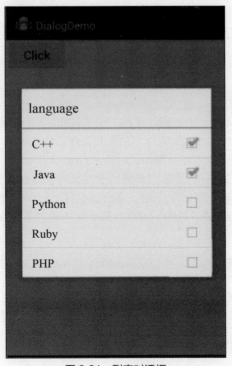

图 2.21　列表对话框

- **任务代码**

Activity 代码：

```
public class MainActivity extends Activity {
    private String[] lan = {"C++", "Java", "Python", "Ruby", "PHP"};    //定义列表显示的内容
    protected void onCreate(Bundle savedInstanceState) {
        super.onCreate(savedInstanceState);
        setContentView(R.layout.activity_main);
        Button btn = (Button)findViewById(R.id.btn_dialog);
        //创建一个 AlertDialog.Builder 对象
        final AlertDialog.Builder builder = new AlertDialog.Builder(this);
        btn.setOnClickListener(new OnClickListener() {
            public void onClick(View v) {
                builder.setTitle("language");
                //设置列表的内容
                builder.setMultiChoiceItems(lan, null, new OnMultiChoiceClickListener(){
                    public void onClick(DialogInterface dialog, int which,
                            boolean isChecked) {
                        if(isChecked)        //判断当前项是否处于选中状态
                        {
                            Toast.makeText(MainActivity.this, "you have choice:"
+ lan[which], Toast.LENGTH_LONG).show();
                        }
                    }
                });
                builder.create().show();     //创建对话框并显示
            }
        });
    }
}
```

本任务在 Activity 中定义了一个按钮，在用户单击按钮之后，创建了一个支持多选的列表对话框。创建的方式是调用 AlertDialog.Builder 的 setMultiChoiceItems(CharSequence[ ] items, boolean[ ] checkedItems, DialogInterface.OnMultiChoiceClickListener listener)。其中，第 1 个参数用于指明列表要显示的内容，第 2 个参数用于设置列表的默认选择情况，第 3 个参数用于设置一个监听事件。当列表的某一项被单击后，系统就会回调 onClick(DialogInterface dialog,int which,boolean isChecked)方法，其中，which 表示用户单击了第几项，isChecked 表示用户单击后，当前项是否处于选中状态。

2.4.3　自定义对话框

除了创建已有的对话框样式外，AlertDialog.Builder 还支持调用 setView()方法显示自定义的 View，其使用方法比较简单，下面我们通过一个任务具体说明。

任务 2.18　使用自定义对话框制作登录界面

本任务在 Activity 中定义了一个按钮，单击按钮之后，创建一个自定义布局的对话框，包括一

个用户名输入框和一个密码输入框，用于进行登录操作，运行结果如图 2.22 所示。

图 2.22　自定义对话框

- **任务代码**

Activity 代码：

```
public class MainActivity extends Activity {
    protected void onCreate(Bundle savedInstanceState) {
        super.onCreate(savedInstanceState);
        setContentView(R.layout.activity_main);
        Button btn = (Button)findViewById(R.id.btn_dialog);
        //创建一个 AlertDialog.Builder 对象
        final AlertDialog.Builder builder = new AlertDialog.Builder(this);
        btn.setOnClickListener(new OnClickListener() {
            public void onClick(View v) {
                builder.setTitle("Login");
                LayoutInflater inflater = LayoutInflater.from(MainActivity.this);
                View view = inflater.inflate(R.layout.vew_login, null);  //加载一个布局

                builder.setView(view);    //将自定义的布局设置在对话框中
                final EditText editUserName = (EditText)view.findViewById
(R.id.edit_username);
                final EditText editPassword = (EditText)view.findViewById(R.id.
edit_ password);
                builder.setPositiveButton("Login", new DialogInterface.OnClick
Listener()
                {
                    public void onClick(DialogInterface dialog, int which) {
                        String username = editUserName.getText(). toString();
```

```
                        String password = editPassword.getText(). toString();
                }
            });
            builder.setNegativeButton("Cancel", new DialogInterface.OnClick
Listener()
            {
                public void onClick(DialogInterface dialog, int which) {
                    Toast.makeText(MainActivity.this, "press Cancel", Toast.
LENGTH_ LONG).show();
                }
            });
            builder.create().show();
        }
    });
    }
}
```

view_login.xml 文件：

```
<?xml version="1.0" encoding="utf-8"?>
<LinearLayout xmlns:android="http://schemas.android.com/apk/res/android"
    android:layout_width="match_parent"
    android:layout_height="match_parent"
    android:orientation="vertical"
    android:gravity="center_horizontal"
    android:padding="10dp">
    <EditText
        android:id="@+id/edit_username"
        android:layout_width="match_parent"
        android:layout_height="wrap_content"
        android:textSize="18sp"
        android:hint="username"/>
    <EditText
        android:id="@+id/edit_password"
        android:layout_width="match_parent"
        android:layout_height="wrap_content"
        android:textSize="18sp"
        android:hint="password"/>
</LinearLayout>
```

2.5 菜单

　　菜单在应用中也是很常见的一个组件，它能为用户提供更多的操作。Android 中的菜单分为选项菜单和上下文菜单。选项菜单一般是应用的主菜单，在应用的任何地方单击菜单按钮都会弹出来。上下文菜单是指在应用中的某个地方长按而弹出来的菜单，类似于在计算机界面上单击鼠标右键弹出来的快捷菜单。如图 2.23 所示，图（a）是微信的选项菜单，单击菜单按钮会弹出；图（b）是微信的上下文菜单，在微信的某条聊天记录上长按会弹出该菜单。

（a）　　　　　　　　　（b）

图 2.23　微信的选项菜单和上下文菜单

2.5.1　选项菜单

无论是选项菜单还是上下文菜单，菜单项都可以在 XML 文件中定义，而且这样可以将菜单的视图和操作分开，使代码的结构看起来更清晰。菜单的 XML 文件放在项目的 res/menu 目录下，使用的元素为<menu>和<item>。示例代码如下：

```xml
<?xml version="1.0" encoding="utf-8"?>
<menu xmlns:android="http://schemas.android.com/apk/res/android">
    <item android:id="@+id/menu_more"
        android:title="更多"
        />
    <item android:id="@+id/menu_help"
        android:title="帮助" />
</menu>
```

<menu>元素定义了一个菜单，其中可以包括一个或多个<item>元素，每个<item>元素定义了一个菜单项，<item>元素的 android:id 属性标识了当前菜单项，android:title 属性设置了菜单项显示的文字。另外，<item>元素还可以嵌套<menu>元素作为子菜单，例如：

```xml
<?xml version="1.0" encoding="utf-8"?>
<menu xmlns:android="http://schemas.android.com/apk/res/android">
    <item android:id="@+id/oper"
        android:title="操作" >
    <!-- 子菜单 -->
    <menu>
        <item android:id="@+id/menu_create"
            android:title="新建" />
        <item android:id="@+id/menu_open"
            android:title="打开" />
    </menu>
    </item>
</menu>
```

要在 Activity 中创建选项菜单，需要重写父类的 onCreateOptionsMenu()方法，在该方法中，将定义的菜单加入 Menu 对象中。当单击选项菜单中的某一个菜单项时，Activity 会重写 onOptionsItemSelected(MenuItem item)，其中 MenuItem 就代表选项菜单中的某一个菜单项。下面我们通过一个具体任务说明选项菜单的制作。

任务 2.19　制作包含"添加""删除""查询""退出"的选项菜单

在 XML 文件中定义菜单项，其内容分别为"添加""删除""查询""退出"。单击菜单按钮，运行结果如图 2.24 所示。

图 2.24　选项菜单

- **任务代码**

Activity 代码：

```
public class MainActivity extends Activity {
    @Override
    protected void onCreate(Bundle savedInstanceState) {
        super.onCreate(savedInstanceState);
        setContentView(R.layout.activity_main);
    }
//重写父类的 onCreateOptionsMenu()方法
    public boolean onCreateOptionsMenu(Menu menu) {
        getMenuInflater().inflate(R.menu.menu_options, menu);    //加载菜单文件
menu_options.xml
        return true;
    }
//重写父类的 onOptionsItemSelected()方法
    public boolean onOptionsItemSelected(MenuItem item) {
        switch(item.getItemId())    //判断单击的菜单项的 ID
        {
        case R.id.menu_add:
        {
            Log.i("Menu", "menu add");
            return true;
        }
```

```
    case R.id.menu_delete:
    {
        Log.i("Menu", "menu delete");
        return true;
    }
    case R.id.menu_query:
    {
        Log.i("Menu", "menu query");
        return true;
    }
    case R.id.menu_exit:
    {
        Log.i("Menu", "menu exit");
        return true;
    }
    default:
        return super.onOptionsItemSelected(item);
    }
}
}
```

menu_options.xml 文件：

```xml
<menu xmlns:android="http://schemas.android.com/apk/res/android" >
    <item
        android:id="@+id/menu_add"
        android:title="添加"/>
    <item
        android:id="@+id/menu_delete"
        android:title="删除"/>
    <item
        android:id="@+id/menu_query"
        android:title="查询"/>
    <item
        android:id="@+id/menu_exit"
        android:title="退出"/>
</menu>
```

在 Activity 中，首先重写了父类的 onCreateOptionsMenu(Menu menu)方法，在该方法中将自定义的菜单文件加入 menu 中。然后重写了 onOptionsItemSelected(MenuItem item)方法，在该方法中调用 MenuItem 的 getItemId()获取单击菜单项的 ID，根据不同的 ID 做出对应的处理。

2.5.2　上下文菜单

上下文菜单的创建和选项菜单的创建类似，也需要重写父类的相关方法，只不过创建上下文菜单需要重写父类的 onCreateContextMenu(ContextMenu menu, View v, ContextMenuInfo menuInfo)方法，单击上下文菜单中的某一个菜单项时，会重写 Activity 的 onContextItemSelected(MenuItem item)方法。另外，上下文菜单是长按某个 TextView 才会弹出来的菜单，所以还需要在代码中调用 registerForContextMenu(View view)将上下文菜单和 TextView 关联起来。下面我们通过一个任务说明上下文菜单的制作。

任务 2.20　制作包含"添加""删除""查询""退出"的上下文菜单

在 TextView 上长按，出现上下文菜单，运行结果如图 2.25 所示。

图 2.25　上下文菜单

- 任务代码

Activity 代码：

```
public class MainActivity extends Activity {
    @Override
    protected void onCreate(Bundle savedInstanceState) {
        super.onCreate(savedInstanceState);
        setContentView(R.layout.activity_main);
        TextView txt = (TextView)findViewById(R.id.long_click);
        registerForContextMenu(txt);    //将 Text View 和上下文菜单关联
    }
    //重写父类的 onCreateContextMenu()方法
    public void onCreateContextMenu(ContextMenu menu, View v,
            ContextMenuInfo menuInfo) {
        super.onCreateContextMenu(menu, v, menuInfo);
        getMenuInflater().inflate(R.menu.menu_context, menu);
    }
    //重写父类的 onContextItemSelected()方法
    public boolean onContextItemSelected(MenuItem item) {
        switch(item.getItemId())
        {
        case R.id.menu_add:
        {
            Log.i("Menu", "menu add");
            return true;
        }
        case R.id.menu_delete:
        {
            Log.i("Menu", "menu delete");
```

```
            return true;
        }
        case R.id.menu_query:
        {
            Log.i("Menu", "menu query");
            return true;
        }
        case R.id.menu_exit:
        {
            Log.i("Menu", "menu exit");
            return true;
        }
        default:
            return super.onContextItemSelected(item);
        }
    }
}
```

在 Activity 中，首先重写了父类的 onCreateContextMenu(ContextMenu menu, View v, ContextMenuInfo menuInfo)方法，在该方法中将自定义的菜单文件加入 menu 中。然后重写了 onContextItemSelected(MenuItem item)方法，该方法中的处理和选项菜单的一致。另外，在 onCreate()方法中调用 registerForContextMenu()方法，将上下文菜单和 TextView 进行关联。

2.6 常用资源类型

常用资源类型、事件
处理和消息传递

在之前的任务中，布局文件和代码中用到的字符串、颜色值、尺寸全部都写成了固定值，这种编写方式会大大增加程序的开发和维护成本。例如对于一个应用来说,很多字体的大小和颜色值都是相同的,每个布局文件在自己的 TextView 中都设置一个相同的大小和颜色值,如果其中一个 TextView 的属性不小心设置错了，则会出现不统一的现象。另外，在程序后期的维护过程中，如果需要改变字体的大小和颜色值，则需要对所有 TextView 的属性做修改。最好的实现方式是在一个地方定义需要的属性，然后在所有需要使用的地方引用已经定义好的属性。如果需要改动，则只需要修改一个地方即可。Android 定义了资源，所有的字符串常量、颜色值等都可以定义在资源中。另外，Android 中的资源还有助于实现国际化和不同设备的适配。

2.6.1 资源的类型和使用

Android 中的资源都放在项目的 res 目录下，res 目录包括多个子目录，对应不同的资源类型。Android 支持的资源类型如表 2.9 所示。

表 2.9　Android 支持的资源类型

目录	资源类型
res/animator/	存放 XML 文件，定义属性动画
res/anim/	存放 XML 文件，定义补间动画
res/color/	存放 XML 文件，定义颜色状态列表
res/drawable/	存放图片或者 XML 文件，用于表示可绘制对象
res/layout/	存放 XML 文件，定义页面布局

目录	资源类型
res/menu/	存放 XML 文件，定义菜单内容
res/raw/	以原始形式保存的任意文件。需要以 I/O（Input/Output，输入输出）流的方式打开
res/values/	包含多种数值文件，相应的文件名如下。 arrays.xml：用于设置资源数组（类型化数组）。 colors.xml：用于设置颜色值。 dimens.xml：用于设置尺寸值。 strings.xml：用于设置字符串。 styles.xml：用于设置样式

创建 Android 项目之后，开发工具会自动在项目的 gen 目录下生成一个名为 R.java 的类文件，用于维护 Android 中每种类型资源的 ID。R.java 的内容示例如下：

```java
/* AUTO-GENERATED FILE.  DO NOT MODIFY.
 *
 * This class was automatically generated by the
 * aapt tool from the resource data it found. It
 * should not be modified by hand.
 */
package com.demo.optionsmenu;

public final class R {
    public static final class attr {
    }
    public static final class dimen {
        public static final int activity_horizontal_margin=0x7f040000;
        public static final int activity_vertical_margin=0x7f040001;
    }
    public static final class drawable {
        public static final int ic_launcher=0x7f020000;
    }
    public static final class id {
        public static final int menu_add=0x7f080000;
        public static final int menu_delete=0x7f080001;
        public static final int menu_exit=0x7f080003;
        public static final int menu_query=0x7f080002;
    }
    public static final class layout {
        public static final int activity_main=0x7f030000;
    }
    public static final class menu {
        public static final int menu_options=0x7f070000;
    }
    public static final class string {
        public static final int action_settings=0x7f050001;
        public static final int app_name=0x7f050000;
        public static final int hello_world=0x7f050002;
    }
    public static final class style {
```

```
        public static final int AppTheme=0x7f060001;
    }
}
```

所以可以借助 R.java 文件访问资源，Android 中的资源有两种使用场景：在代码中访问和在 XML 文件中访问。

（1）在代码中访问

访问形式：R.<resource_type>.<resource_name>，其中 resource_type 代表资源的类型，resource_name 代表资源的名称。访问示例如下：

```
TextView txt = (TextView)findViewById(R.id.txt);
txt.setText(R.string.txt_name);
```

（2）在 XML 文件中访问

访问形式：@<resource_type>/<resource_name>。访问示例如下：

```
<TextView
    android:layout_width="fill_parent"
    android:layout_height="fill_parent"
    android:textColor="@color/blue"
    android:text="@string/txt_name" />
```

2.6.2　字符串、颜色、尺寸

字符串、颜色、尺寸的资源文件均在 res/values/目录下，三者都定义在 XML 文件中，根元素是<resources>，每个子元素<string></string>定义一个字符串，每个子元素<color></color>定义一个颜色值，每个子元素<dimen></dimen>定义一个尺寸值。以字符串举例，定义的形式为<string name="×××">××××</string>，其中 name 属性指定了该字符串的名称，便于引用，<string>和</string>之间就是字符串具体的内容。下面我们通过一个任务说明字符串、颜色、尺寸的具体定义和使用。

任务 2.21　字符串、颜色、尺寸的具体定义和使用

本任务布局文件中定义两个 TextView 控件，分别引用不同的颜色值和尺寸值显示不同的文字，引用方式为@<resource_type>/<resource_name>，运行结果如图 2.26 所示。

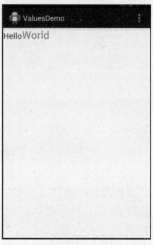

图 2.26　字符串、颜色、尺寸

- 任务代码

strings.xml:

```
<?xml version="1.0" encoding="utf-8"?>
<resources>
    <string name="hello">Hello</string>
    <string name="world">World</string>
</resources>
```

dimens.xml:

```
<?xml version="1.0" encoding="utf-8"?>
<resources>
    <color name="red">#FF0000</color>
    <color name="green">#00FF00</color>
</resources>
<resources>
    <dimen name="text_little">20sp</dimen>
    <dimen name="text_normal">26sp</dimen>
</resources>
```

布局文件：

```
<LinearLayout xmlns:android="http://schemas.android.com/apk/res/android"
    xmlns:tools="http://schemas.android.com/tools"
    android:layout_width="match_parent"
    android:layout_height="match_parent"
    android:orientation="horizontal"
    >
    <TextView
        android:layout_width="wrap_content"
        android:layout_height="wrap_content"
        android:textColor="@color/red"    //引用颜色
        android:textSize="@dimen/text_little"    //引用尺寸
        android:text="@string/hello" />    //引用字符串
    <TextView
        android:layout_width="wrap_content"
        android:layout_height="wrap_content"
        android:textColor="@color/green"
        android:textSize="@dimen/text_normal"
        android:text="@string/world" />
</LinearLayout>
```

2.6.3　Drawable

Drawable 资源是指一些图片资源或者一些特定的可用于绘制的 XML 文件。本节将介绍常用的 3 种 Drawable 资源：图片资源、State List 和 Shape Drawable。

1. 图片资源

图片资源的使用方法比较简单，只要将常用格式的图片放入/res/drawable-XXX 目录下，编译器会自动在 R.java 文件中生成对应的资源 ID，然后就可以以正常的资源访问方式使用图片。下面我们通过一个任务说明图片资源的使用方法。

任务 2.22　使用图片资源

本任务布局文件比较简单，定义了一个 ImageView 控件，使用@drawable/pic1 引用了一张图片用于显示，运行结果如图 2.27 所示。

- **任务代码**

布局文件：

```
<RelativeLayout xmlns:android="http://schemas.android.com/apk/res/android"
    xmlns:tools="http://schemas.android.com/tools"
    android:layout_width="match_parent"
    android:layout_height="match_parent"
    >
    <ImageView
        android:layout_width="100dp"
        android:layout_height="100dp"
        android:scaleType="centerCrop"
        android:src="@drawable/pic1" />
</RelativeLayout>
```

图 2.27　图片资源

2. State List

一个控件可能会有不同的状态，例如获焦状态、按下状态。State List 用于控制 View 在不同状态下的不同显示。定义 State List 的 XML 文件以<selector>作为根元素，中间可以有一个或多个<item>元素，用于标识不同的状态。表 2.10 所示的是<item>元素支持的属性。

表 2.10　<item>元素支持的属性

属性	属性说明
android:drawable	设置一个 Drawable 资源
android:state_pressed	设置是否处于按下状态
android:state_focused	设置是否处于获焦状态
android:state_selected	设置是否处于选中状态
android:state_checked	设置是否处于勾选状态

续表

属性	属性说明
android:state_enabled	设置是否处于可用状态
android:state_activated	设置是否处于活动状态
android:state_window_focused	设置窗口是否获得焦点

下面我们通过一个具体的任务说明 State List 的使用方法。

任务 2.23　使用 State List 制作按钮按下变色效果

为了形成对比，本任务布局文件中定义了两个一样的按钮，其中，android:textColor 属性均设置为@drawable/drawable_button，在 drawable_button.xml 文件中，设置了当按钮处于未按下状态时，文本颜色显示为红色，当按钮处于按下状态时，文本颜色显示为绿色，运行结果如图 2.28 所示。

图 2.28　State List

- **任务代码**

布局文件：

```
<LinearLayout xmlns:android="http://schemas.android.com/apk/res/android"
    xmlns:tools="http://schemas.android.com/tools"
    android:layout_width="match_parent"
    android:layout_height="match_parent"
    android:orientation="vertical" >
    <Button
        android:layout_width="wrap_content"
        android:layout_height="wrap_content"
        android:textSize="24sp"
        android:text="Click me"
        android:textColor="@drawable/drawable_button"
        />
    <Button
        android:layout_width="wrap_content"
```

```
        android:layout_height="wrap_content"
        android:textSize="24sp"
        android:text="Click me"
        android:textColor="@drawable/drawable_button"
        />
</LinearLayout>
```

drawable_button.xml:

```
<?xml version="1.0" encoding="utf-8"?>
<selector xmlns:android="http://schemas.android.com/apk/res/android" >
    <!--按钮处于未按下状态时的颜色 -->
    <item
        android:state_pressed="false"
        android:color="#FF0000"/>
    <!--按钮处于按下状态时的颜色 -->
    <item
        android:state_pressed="true"
        android:color="#00FF00"/>
</selector>
```

3. Shape Drawable

Shape Drawable 可以定义一个基本的几何图形，并可以用来改变控件的外观。定义 Shape Drawable 的 XML 文件的根元素为<shape>，其中，可以使用 android:shape 属性设置定义的几何图形，该属性的取值为 rectangle、oval、line、ring，分别代表矩形、椭圆、水平线和环形。下面我们通过一个任务改变 EditText 的外观，并具体说明 Shape Drawable 的使用方法。

任务 2.24　使用 Shape Drawable 制作圆角矩形的编辑框

为了形成对比，本任务布局文件中定义了两个相同的 EditText 组件，二者的区别在于第 2 个 EditText 设置了 android:backgroud 属性（属性值为@drawable/drawable_edit）。在 drawable_edit.xml 文件中定义了一个矩形的 shape，使用<gradient>属性设置矩形的渐变色，使用<corners>属性设置矩形的 4 个角的弧度，使用<stroke>属性设置矩形线的宽度和颜色。本任务运行结果如图 2.29 所示，第 2 个 EditText 是一个圆角矩形的编辑框。

图 2.29　Shape Drawable

- 任务代码

布局文件:

```
<LinearLayout xmlns:android="http://schemas.android.com/apk/res/android"
    xmlns:tools="http://schemas.android.com/tools"
    android:layout_width="match_parent"
    android:layout_height="match_parent"
    android:orientation="vertical" >
    <EditText
        android:layout_width="200dp"
        android:layout_height="wrap_content"
        android:textSize="24sp"
        android:hint="username" />
    <EditText
        android:layout_width="200dp"
        android:layout_height="wrap_content"
        android:textSize="24sp"
        android:hint="password"
        android:background="@drawable/drawable_edit" />    //设置 Drawable 背景
</LinearLayout>
```

drawable_edit.xml:

```
<?xml version="1.0" encoding="utf-8"?>
<shape xmlns:android="http://schemas.android.com/apk/res/android"
    android:shape="rectangle" >    //形状为矩形
    <gradient    //设置矩形的渐变色
        android:startColor="#999999"    //渐变起始颜色
        android:endColor="#FFFFFF"    //渐变结束颜色
        android:angle="0"/>    //渐变角度，0 代表从左到右，90 代表从上到下
    <corners    //设置矩形的 4 个角的弧度
        android:radius="8dp"/>
    <stroke    //设置矩形线的宽度和颜色
        android:width="2dp"
        android:color="#0000FF"/>
</shape>
```

2.6.4 Style

Style 即样式，它定义了界面显示的风格。Style 可作用于一个单独的控件，也可作用于一个 Activity 或者整个应用。使用 Style 的好处是可以减少编写代码的工作量，例如在 Android 应用中，许多地方的文本大小、颜色可能一致，而每个 TextView 都要设置 android:textSize 和 android:text Color 属性，这时候就可以将这两个属性直接定义在 Style 中，之后的 TextView 只需直接引用 Style 属性即可。Style 类似于 Word 中的样式（在 Word 中定义一个样式，设置其字体大小、间距等，每段文字只要使用这个样式，就具有该样式所定义的格式）。下面我们通过一个具体的任务说明 Style 的使用。

任务 2.25 使用 Style 统一设置文字的大小和颜色

本任务在布局文件中定义两个文本框，但是不设置其中的文字的大小和颜色，而是设置 Style

属性，其属性值为@style/TextStyle。在 style.xml 文件中，定义一个名为 TextStyle 的样式，统一设置文字的大小和颜色，运行结果如图 2.30 所示。

图 2.30　Style

- **任务代码**

布局文件：

```
<LinearLayout xmlns:android="http://schemas.android.com/apk/res/android"
    xmlns:tools="http://schemas.android.com/tools"
    android:layout_width="match_parent"
    android:layout_height="match_parent"
    android:orientation="vertical" >
    <TextView
        android:layout_width="wrap_content"
        android:layout_height="wrap_content"
        android:text="Hello"
        style="@style/TextStyle" />
    <TextView
        android:layout_width="wrap_content"
        android:layout_height="wrap_content"
        android:text="World"
        style="@style/TextStyle" />
</LinearLayout>
```

style.xml：

```
<resources xmlns:android="http://schemas.android.com/apk/res/android">
    <style name="TextStyle" >
        <item name="android:textSize">20sp</item>
        <item name="android:textColor">#FF0000</item>
    </style>
</resources>
```

2.6.5　国际化

Android 的资源除了可以提高代码的可编写性和可维护性之外，还可以实现国际化。国际化是指同一个应用在不改变逻辑结构的情况下，在不同的语言环境中可以有不同的显示，例如将手机的语言环境切换成英文环境，许多应用的语言会自动显示为英语。

实现 Android 资源的国际化比较简单，只需要按照一定格式为不同的语言定义对应的资源文件夹，应用运行的时候会自动匹配并加载最合适的文件。以字符串资源为例，实现国际化需要在 res 目录下创建对应语言 values 文件夹，values 文件夹的命名方式是 values-语言码-r 国家码，例如 values-zh-rCN 代表简体中文，其中，zh 代表中文，CN 代表中国，类似的还有 values-en-rUS，代表美式英语。每个 values 文件夹下都有一个 strings.xml 文件，其中的字符串以不同的语言显示。下面我们通过一个任务说明字符串的国际化。

任务 2.26　制作同样的按钮在不同的语言环境下的显示效果

本任务首先在界面上定义两个按钮，分别以@string 的方式引用字符串资源 btn_ok 和 btn_cancel，然后在 res 文件夹下建立简体中文和美式英语的 values 文件，为字符串 btn_ok 和 btn_cancel 提供不同语言环境下的显示内容，运行结果如图 2.31 所示。在不同的语言环境下，同样的按钮有不同的显示。

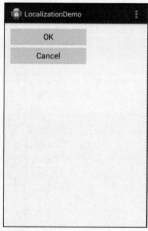

图 2.31　国际化

- 任务代码

布局文件：

```xml
<LinearLayout xmlns:android="http://schemas.android.com/apk/res/android"
    xmlns:tools="http://schemas.android.com/tools"
    android:layout_width="match_parent"
    android:layout_height="match_parent"
    android:orientation="vertical"
    android:padding="10dp" >
    <Button
        android:layout_width="50dp"
        android:layout_height="wrap_content"
        android:textSize="20sp"
        android:text="@string/btn_ok" />
    <Button
        android:layout_width="50dp"
        android:layout_height="wrap_content"
        android:textSize="20sp"
        android:text="@string/btn_cancel" />
</LinearLayout>
```

res/values-zh-rCN/strings.xml:

```xml
<?xml version="1.0" encoding="utf-8"?>
<resources>
    <string name="btn_ok">OK</string>
    <string name="btn_cancel">Cancel</string>
</resources>
```

res/values-en-rUS/strings.xml:

```xml
<?xml version="1.0" encoding="utf-8"?>
<resources>
    <string name="btn_ok">确认</string>
    <string name="btn_cancel">取消</string>
</resources>
```

2.7 事件处理和消息传递

在 Android 应用中,用户经常会在界面上进行各种操作,程序需要及时对用户的操作做出反馈。用户所做的操作称为事件,程序做出的反馈称为事件处理。Android 中的事件处理有两种: 基于监听的事件处理和基于回调的事件处理。本节将分别介绍这两种事件处理的使用方式。另外,本节我们还将介绍一个重要的消息传递机制: Handler。

2.7.1 基于监听的事件处理

基于监听的事件处理方式我们在之前介绍 Android 基本组件时已经多次使用到。该方式主要涉及以下 3 个对象。

(1)事件源: 产生事件的组件,例如单击一个按钮,按钮就是事件源。

(2)事件类型: 产生的事件类型,如单击事件、长按事件、触摸事件等。

(3)事件监听器: 被动地监听组件上产生的事件,并做出相应处理。

使用基于监听的事件处理时,需要对组件调用相应的 setListener()方法设置事件监听器,例如,调用 setOnClickListener()方法监听单击事件; 调用 setOnLongClickListener()方法监听长按事件,并重写其中的回调方法做自定义的处理。用户对界面进行操作时,就会触发事件监听器,事件监听器会调用对应的方法做处理,例如对于单击事件,系统会调用 OnClickListener 的 onClick()方法做处理。

2.7.2 基于回调的事件处理

基于监听的事件处理是将事件源和事件监听器分开。而基于回调的事件处理则不需要为组件设置事件监听器,系统在检测到有用户操作时,会直接回调组件中特定的方法做处理。因此,基于回调的事件处理需要定义一个类,它继承自需要的组件,并重写其中的特定方法以实现自定义的处理。下面我们仍以按钮组件为例,说明基于回调的事件处理方式。

任务 2.27 基于回调的事件处理 1

本任务布局文件中使用一个自定义的组件 CustomButton。CustomButton 比较简单,继承自 Button 控件,所以它和 Button 控件有一样的功能,只不过它重写了 Button 控件的 onKeyUp()方法,并在其中实现自定义的处理。单击按钮之后,会输出一条日志。

- 任务代码

XML 布局文件:

```
<RelativeLayout xmlns:android="http://schemas.android.com/apk/res/android"
    xmlns:tools="http://schemas.android.com/tools"
    android:layout_width="match_parent"
    android:layout_height="match_parent"
    >
    <com.demo.view.CustomButton  //添加一个自定义的按钮组件
        android:layout_width="wrap_content"
        android:layout_height="wrap_content"
        android:text="自定义按钮"
        android:textSize="20sp" />
</RelativeLayout>
```

CustomButton 代码:

```
public class CustomButton extends Button {    //定义一个自定义的按钮组件
    public CustomButton(Context context, AttributeSet attrs) {
        super(context, attrs);
    }
    //重写 Button 的 onKeyUp() 方法，并在其中实现自定义的处理
    public boolean onKeyUp(int keyCode, KeyEvent event) {
        super.onKeyUp(keyCode, event);
        Log.i("button", "Button onKeyUp Event");
        return true;    //返回 true，事件会被该组件消耗掉，否则会继续向上传递
    }
}
```

在 Activity 中，也有大量的事件回调方法，这些方法用于在整个 Activity 界面对事件进行处理，开发者可以实现其中的方法做自定义的处理。

2.7.3　Handler 消息传递

在 Android 中，UI 的刷新只能在主线程中进行，开发者在新启动的子线程中不能做与 UI 相关的操作，这种情况可以通过 Handler 类进行处理。Handler 的处理方式是通过一系列的 post 和 send 方法发送一条消息到消息队列中，系统会从消息队列中取出消息并执行对应的任务。Handler 还可以延时发送消息，因此它也可用于延时操作。常见的 Handler 的消息发送方法如表 2.11 所示。

表 2.11　常见的 Handler 的消息发送方法

方法	说明
post(Runnable r)	将任务加入消息队列中
postAtTime(Runnable r, long uptimeMillis)	在指定时间内将任务加入消息队列中
postDelayed(Runnable r, long delayMillis)	延迟一定时间后将任务加入消息队列中
removeCallbacks(Runnable r)	将任务从消息队列中移除
sendEmptyMessage(int what)	发送消息 ID 为 what 的消息
sendMessage(Message msg)	发送消息体为 msg 的消息

下面我们通过一个任务说明 Handler 的使用方法。

任务 2.28 基于回调的事件处理 2

本任务在 Activity 中使用 Timer 类启动一个定时任务，每隔 1s 生成一个随机数，并通过 Handler 的 sendMessage()方法发送一条消息。然后自定义一个继承自 Handler 的类，它重写父类的 handleMessage()方法，并在其中对消息进行处理。

- **任务代码**

Activity 代码：

```
public class MainActivity extends Activity {
    private final int MSG_ID = 1001;    //定义一个消息 ID
    private TextView txt;
    private MyHandler mHandler = new MyHandler();    //定义一个 Handler 对象
    protected void onCreate(Bundle savedInstanceState) {
        super.onCreate(savedInstanceState);
        setContentView(R.layout.activity_main);
        txt = (TextView)findViewById(R.id.txt);
        new Timer().schedule(new TimerTask(){    //使用 Timer 类启动一个定时任务
          public void run() {
                int num = new Random().nextInt(1000);    //每隔 1s 生成一个随机数
                Message msg = new Message();    //定义一个消息体
                msg.what = MSG_ID;    //设置消息 ID
                msg.obj = num;    //设置消息内容
                mHandler.sendMessage(msg);    //使用 Handler 发送消息
          }
        }, 1000, 1000);    //每隔 1s 执行一次
    }

    class MyHandler extends Handler    //自定义一个继承自 Handler 的类
    {
        public void handleMessage(Message msg) {    //重写父类的 handleMessage()方法
            switch(msg.what)    //判断消息 ID
            {
            case MSG_ID:
            {
                int num = (Integer)msg.obj;
                txt.setText("The num is: " + num);    //改变 TextView 的显示
                break;
            }
            default:
                super.handleMessage(msg);
                break;
            }
        }
    }
}
```

2.8 项目实战——开发 RSS 阅读器

项目实战

从本单元开始，我们将通过逐步掌握的知识点，开发一个 RSS（Really Simple Syndication，简易信息整合）阅读器。RSS 是一种基于 XML 的标准，通过订阅 RSS 超链接，我们可以把目光聚焦在自己感兴趣的一些内容上。计划开发的 RSS 阅读器包含以下功能。

（1）RSS 源的添加、保存和展示。

（2）RSS 内容的展示。

（3）RSS 内容的定时更新。

（4）RSS 源的分享。

在本单元，我们实现 RSS 源的添加、保存和展示。

（1）首先，我们在首页的菜单栏中增加菜单"RSS 源管理"，然后对菜单设置事件处理。

- **项目代码**

MainActivity 代码：

```java
public class MainActivity extends AppCompatActivity {

    @Override
    protected void onCreate(Bundle savedInstanceState) {
        super.onCreate(savedInstanceState);
        setContentView(R.layout.activity_main);
    }

    @Override
    public boolean onCreateOptionsMenu(Menu menu) {
//加载菜单文件 main_menu_options.xml
        getMenuInflater().inflate(R.menu.main_menu_options, menu);
return true;
    }

    @Override
    public boolean onOptionsItemSelected(@NonNull MenuItem item) {
        switch (item.getItemId()) { // 判断单击的菜单项的 ID
            case R.id.menu_rss_source: { // 跳转到 RSS 源管理界面
                Log.i("Menu", "click RSS source");
                Intent intent = new Intent(MainActivity.this, RSSActivity.class);
                startActivity(intent);
                return true;
            }
            case R.id.menu_exit: {
                Log.i("Menu", "click exit");
                return true;
            }
            default:
                return super.onOptionsItemSelected(item);
        }
    }
}
```

main_menu_options.xml:

```
<?xml version="1.0" encoding="utf-8"?>
<menu xmlns:android="http://schemas.android.com/apk/res/android">
    <item
        android:id="@+id/menu_rss_source"
        android:title="@string/menu_rss_source" />
    <item
        android:id="@+id/menu_exit"
        android:title="@string/menu_exit" />
</menu>
```

菜单效果如图 2.32 所示。

图 2.32　菜单效果

（2）接下来创建 RSS 源管理界面，界面包括 RSS 源的添加和列表显示。

- 项目代码

RSSActivity：

```
public class RSSActivity extends AppCompatActivity {
    @Override
    protected void onCreate(@Nullable Bundle savedInstanceState) {
        super.onCreate(savedInstanceState);
        setContentView(R.layout.rss_source_display);
    }
}
```

rss_source_display.xml:

```
<?xml version="1.0" encoding="utf-8"?>
<LinearLayout xmlns:android="http://schemas.android.com/apk/res/android"
    xmlns:tools="http://schemas.android.com/tools"
    android:layout_width="match_parent"
    android:layout_height="match_parent"
    android:orientation="vertical">

    <LinearLayout
        android:layout_width="match_parent"
        android:layout_height="wrap_content"
        android:layout_marginStart="10dp"
        android:layout_marginTop="10dp"
        android:layout_marginEnd="10dp"
        android:orientation="horizontal">
```

```xml
        <TextView
            android:id="@+id/txt_source_name"
            android:layout_width="90dp"
            android:layout_height="wrap_content"
            android:gravity="end"
            android:text="@string/txt_source_name" />

        <EditText
            android:id="@+id/e_txt_source_name"
            android:layout_width="310dp"
            android:layout_height="wrap_content"
            android:gravity="start"
            android:hint="@string/please_input_rss_name"
            android:inputType="text" />
    </LinearLayout>

    <LinearLayout
        android:layout_width="match_parent"
        android:layout_height="wrap_content"
        android:layout_marginStart="10dp"
        android:layout_marginEnd="10dp"
        android:orientation="horizontal">

        <TextView
            android:id="@+id/txt_source_url"
            android:layout_width="90dp"
            android:layout_height="wrap_content"
            android:gravity="end"
            android:text="@string/txt_source_url" />

        <EditText
            android:id="@+id/e_txt_source_url"
            android:layout_width="310dp"
            android:layout_height="wrap_content"
            android:gravity="start"
            android:hint="@string/please_input_rss_url"
            android:inputType="text"
            tools:ignore="TextFields" />
    </LinearLayout>

    <Button
        android:id="@+id/btn_add_source"
        android:layout_width="wrap_content"
        android:layout_height="wrap_content"
        android:layout_gravity="end"
        android:layout_marginEnd="10dp"
        android:text="@string/btn_add_source"/>

    <View
        android:layout_width="match_parent"
        android:layout_height="2dp"
```

```
            android:background="@color/black"/>

        <ListView
            android:id="@+id/list_rss_source"
            android:layout_width="wrap_content"
            android:layout_height="wrap_content"
            android:layout_marginStart="10dp"
            android:layout_marginEnd="10dp"/>
    </LinearLayout>
```

RSS 源管理界面总体采用线性布局，包含两个 TextView 和两个 EditText。TextView 用于显示标题，EditText 用于信息输入。ID 为 e_txt_source_name 的 EditText 用于输入 RSS 源的名称，ID 为 e_txt_source_url 的 EditText 用于输入 RSS 源的 URL（Uniform Resource Locator，统一资源定位符）；增加一个 ID 为 btn_add_source 的 Button，用于触发 RSS 源的添加；增加一个 ID 为 list_rss_source 的 ListView，用于显示已经添加的 RSS 源列表。添加 RSS 源和显示 RSS 源这两部分用一条黑色的线分隔开。RSS 源管理界面的显示效果如图 2.33 所示。

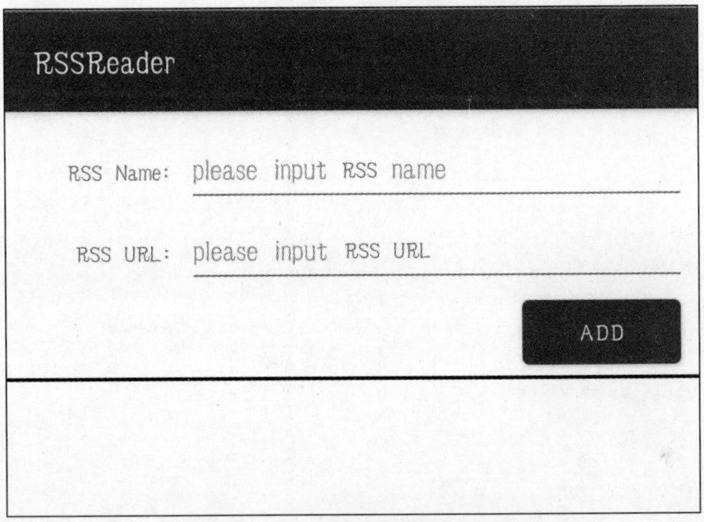

图 2.33 RSS 源管理界面的显示效果

（3）在真正触发添加操作之前，我们先增加一个 Java 类用于管理 RSS 源的数据。我们先将 RSS 源的数据存储在内存中，在第 5 单元再考虑数据的持久化问题。

- 项目代码

Model RSSSource：

```java
public class RSSSource {

    private String name;
    private String url;

    public RSSSource(String name, String url) {
        this.name = name;
        this.url = url;
    }


    public String getName() {
```

```
        return name;
    }

    public void setName(String name) {
        this.name = name;
    }

    public String getUrl() {
        return url;
    }

    public void setUrl(String url) {
        this.url = url;
    }
}
```

RSSSourceRepository：

```
public class RSSSourceRepository {

    // 先不考虑持久化和并发的问题
    private List<RSSSource> sources;

    private IRSSSourceChangeCallback callback;

    public RSSSourceRepository() {
        this.sources = new ArrayList<>();
    }

    public void setCallback(IRSSSourceChangeCallback callback){
        this.callback = callback;
    }

    public List<RSSSource> getSources() {
        return sources;
    }

    public void addSources(String sourceName, String sourceUrl) {
        sources.add(new RSSSource(sourceName, sourceUrl));
    }

    public void removeSourceByUrl(String sourceUrl) {
        Iterator<RSSSource> iterator = this.sources.iterator();
        while (iterator.hasNext()) {
            if (sourceUrl.equalsIgnoreCase(iterator.next().getUrl())) {
                iterator.remove();
                this.callback.onChanged();
                break;
            }
        }
    }
}
```

IRSSSourceChangeCallback：

```
public interface IRSSSourceChangeCallback {
    public void onChanged();
}
```

增加一个 RSSSource 用于标识 RSS 源数据的模型；增加一个 RSSSourceRepository 类用于
管理 RSS 源数据，对外提供 add()和 remove()方法；同时增加一个 IRSSSourceChangeCallback
类用于标识数据变化。

（4）实现了对源数据的管理，接下来我们就可以为按钮增加事件响应。

- 项目代码

RSSActivity：

```
public class RSSActivity extends AppCompatActivity {
    private final RSSSourceRepository sourceRepository = new RSSSourceRepository();
    @Override
    protected void onCreate(@Nullable Bundle savedInstanceState) {
        super.onCreate(savedInstanceState);
        setContentView(R.layout.rss_source_display);
        Button addBtn = (Button) findViewById(R.id.btn_add_source);
        addBtn.setOnClickListener(new View.OnClickListener() {
            @Override
            public void onClick(View view) {
                TextView txtName = (TextView) findViewById(R.id.e_txt_source_name);
                TextView txtUrl = (TextView) findViewById(R.id.e_txt_source_url);
                String name = txtName.getText().toString().trim();
                String url = txtUrl.getText().toString().trim();
                sourceRepository.addSources(name, url);
            }
        });
    }
}
```

（5）接下来将增加的数据显示到列表中，首先定义一个 XML 文件用于显示 ListView 的每一个
子项。

- 项目代码

view_rss_source_list_item.xml：

```
<?xml version="1.0" encoding="utf-8"?>
<RelativeLayout xmlns:android="http://schemas.android.com/apk/res/android"
    android:layout_width="match_parent"
    android:layout_height="20dp"
    android:orientation="horizontal"
    android:padding="10dp">
    <TextView
        android:id="@+id/txt_rss_item_name"
        android:layout_width="80dp"
        android:layout_height="match_parent"
        android:gravity="start|center"
        />
    <TextView
        android:id="@+id/txt_rss_item_url"
        android:layout_width="260dp"
```

```
        android:layout_height="match_parent"
        android:gravity="start|center"
        android:singleLine="true"
        android:layout_toEndOf="@id/txt_rss_item_name"
        />
    <ImageButton
        android:id="@+id/btn_rss_item_remove"
        android:layout_width="20dp"
        android:layout_height="20dp"
        android:layout_marginEnd="10dp"
        android:layout_alignParentEnd="true"
        android:background="@drawable/delete_icon"/>
</RelativeLayout>
```

界面采用相对布局，首先使用一个 ID 为 txt_rss_item_name 的 TextView，用于显示 RSS 源的名称；紧跟着使用一个 ID 为 txt_rss_item_url 的 TextView，用于显示 RSS 源的 URL；最后增加一个图片按钮，用于移除当前 RSS 源。同时让图片按钮与父组件右端对齐，使得 item 整体达到两端对齐的效果。

（6）界面定义好之后，我们通过自定义的 Adapter 进行数据的填充，同时为图片按钮增加事件响应。

- 项目代码

RSSSourceAdapter:

```java
public class RSSSourceAdapter extends BaseAdapter {

    private RSSSourceRepository sourceRepository;

    private LayoutInflater flater;

    public RSSSourceAdapter(Context context, RSSSourceRepository sourceRepository) {
        flater = LayoutInflater.from(context);
        this.sourceRepository = sourceRepository;
    }

    public int getCount() {
        return null == sourceRepository ? 0 : sourceRepository.getSources().size();
    }

    public RSSSource getItem(int position) {
        List<RSSSource> sources = sourceRepository.getSources();
        return null == sources ? null : sources.get(position);
    }

    @Override
    public long getItemId(int position) {
        return 0;
    }

    @Override
    public View getView(int position, View view, ViewGroup viewGroup) {
        if (null == view) {
```

```
            view = flater.inflate(R.layout.view_rss_source_list_item, null);
        }
        TextView txtName = (TextView) view.findViewById(R.id.txt_rss_item_name);
        TextView txtUrl = (TextView) view.findViewById(R.id.txt_rss_item_url);

        final RSSSource source = getItem(position);
        if (null != source) {
            txtName.setText(source.getName());
            txtUrl.setText(source.getUrl());
        }

        ImageButton btnRemove = (ImageButton) view.findViewById(R.id.btn_rss_
item_remove);
        btnRemove.setOnClickListener(new View.OnClickListener() {
            @Override
            public void onClick(View view) {
                if (null != source) {
                    sourceRepository.removeSourceByUrl(source.getUrl());
                }
            }
        });
        return view;
    }
}
```

（7）最后，在 Activity 中将 Adapter 和 ListView 控件关联起来。

- **项目代码**

RSSActivity：

```
public class RSSActivity extends AppCompatActivity {
    private final RSSSourceRepository sourceRepository = new RSSSourceRepository();
    @Override
    protected void onCreate(@Nullable Bundle savedInstanceState) {
        super.onCreate(savedInstanceState);
        setContentView(R.layout.rss_source_display);

        ListView listView = (ListView) findViewById(R.id.list_rss_source);
        final RSSSourceAdapter adapter = new RSSSourceAdapter(this, this.source
Repository);
        listView.setAdapter(adapter);

        sourceRepository.setCallback(new IRSSSourceChangeCallback() {
            @Override
            public void onChanged() {
                adapter.notifyDataSetChanged();
            }
        });

        Button addBtn = (Button) findViewById(R.id.btn_add_source);
        addBtn.setOnClickListener(new View.OnClickListener() {
            @Override
            public void onClick(View view) {
                TextView txtName = (TextView) findViewById(R.id.e_txt_source_name);
```

```
            TextView txtUrl = (TextView) findViewById(R.id.e_txt_source_url);
            String name = txtName.getText().toString().trim();
            String url = txtUrl.getText().toString().trim();
            sourceRepository.addSources(name, url);
            adapter.notifyDataSetChanged();
        }
    });
    }
}
```

RSS 源列表显示的界面效果如图 2.34 所示。

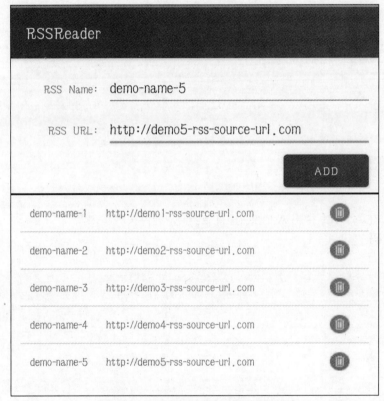

图 2.34　RSS 源列表显示的界面效果

2.9　单元小结

　　本单元我们主要介绍了 Android 界面开发的一些基础知识。对于 Android 应用来说，界面的美观性和友好性十分影响用户体验，所以掌握 Android 的界面开发非常重要。在本单元我们首先介绍了视图和视图容器等基本概念，然后介绍了一些常用的布局方式。之后介绍了用于显示文本的文本框和编辑框，用于显示图片的图片控件，还有一些用于操作的按钮和菜单，以及用于提示的对话框。最后介绍了一些常用的资源类型，以及 Android 中的事件处理、模块与模块之间的消息传递。2.8 节项目实战演示了在实际的应用开发中，如何组合使用不同的控件。

　　Android 界面的布局方式和控件使用常常需要根据应用的具体场景做不同的选择，在后续的第 3～8 单元中我们将通过一些练习继续熟悉这些组件的使用。

2.10 课后习题

1. Android 应用界面的基础元素是（　　）。
   A. View
   B. ViewGroup
   C. Layout
   D. ContentProvider
2. 所有的 Layout 类都继承自（　　）。
   A. android.widget.AbsoluteLayout
   B. android.widget.AbstractLayout
   C. android.view.ViewGroup
   D. android.View
3. 文本控件是否能编辑由（　　）属性控制。
   A. android:editable
   B. android:text
   C. android:textSize
   D. android:hint
4. （　　）方法可以监听单选按钮的状态改变。
   A. onCheckedChangeListener()
   B. setOnCheckedChangeListener()
   C. setChangeListener()
   D. setListener()
5. （　　）方法可以监听 ListView 子项的单击事件。
   A. onItemClickListener()
   B. onClickListener()
   C. onTouchListener()
   D. onItemTouchListener()
6. 简述视图（View）和视图容器（ViewGroup）的联系与区别。
7. android:layout_gravity 属性和 android:gravity 属性的区别是什么？
8. 在列表视图中，Adapter 的作用是什么？
9. 对于按钮控件，如何实现图片按钮？
10. 简述选项菜单和上下文菜单不同的使用场景。
11. 页面布局文件存放在项目的哪个文件夹下？
12. 项目的 res/values/目录可以包含哪些资源？
13. 简述将字符串常量、颜色值等定义为资源有什么好处？
14. Android 基于监听的事件处理需要关注哪 3 个对象？

第3单元
Activity

03

情景引入

在我们使用一个App的时候，最直观的评价就是它的界面和交互设计是否优秀，而界面和交互设计就要通过Activity去承载。Android应用有四大组件，它们分别是Activity（活动）、Service（服务）、Content Provider（内容提供者）和Broadcast Receiver（广播接收器）。其中，Activity是最常用的组件之一，它可以用来绘制UI并响应用户的操作。本单元首先介绍Activity的创建，然后介绍如何在不同的界面之间实现跳转，最后介绍Activity的生命周期，开发者可以通过回调函数在Activity不同的阶段实现特定的功能。通过本单元的学习，读者可以学会响应用户事件，并在不同的界面之间实现跳转。

学习目标

知识目标
1. 熟悉Activity的创建。
2. 熟悉Activity在不同界面之间的跳转。
3. 熟悉Activity的生命周期。

能力目标
1. 能通过Activity实现界面开发并在不同界面之间实现跳转。
2. 能够在Activity之间实现数据交互。

素质目标
1. 培养学生的用户思维。
2. 培养学生的理性分析能力。

思维导图

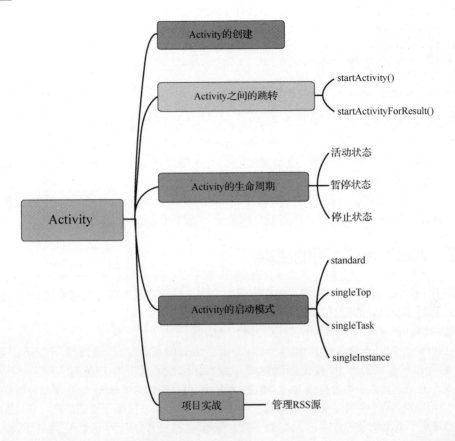

3.1 Activity 的创建

Activity

创建一个自己的 Activity，该 Activity 需要继承基类 Activity，并且需要重写基类中的若干个方法，其中必须重写的方法是 onCreate()方法，Activity 刚启动的时候会回调该方法，所以可以在其中进行一些初始化操作，其中最重要的是调用 Activity 的 setContentView(View view)方法设置布局文件。下面我们通过一个示例说明如何创建 Activity。

创建 Activity 示例：

```
public class MainActivity extends Activity {    继承基类 Activity

    protected void onCreate(Bundle savedInstanceState) {    //重写基类的 onCreate()
方法
        super.onCreate(savedInstanceState);
        setContentView(R.layout.act_main);    //调用 setContentView(View view)方法
设置布局文件
    }
}
```

79

在创建完 Activity 之后，还需要在 AndroidManifest.xml 文件中对 Activity 进行配置，否则系统找不到自定义的 Activity。Activity 的配置方法是在 AndroidManifest.xml 文件的<application/>元素中增加一个<activity/>元素，代码示例如下，其中 android:name 属性指定了 MainActivity 的位置。

```
<manifest ... >
  <application ... >
    <activity android:name="com.example.activity.MainActivity" />
    ...
  </application ... >
  ...
</manifest >
```

除了 android:name 属性以外，在 Activity 中还可以配置一些其他属性，例如可以通过 android:label 指定 Activity 的标签，通过 android:icon 指定 Activity 的图标，通过 android:theme 指定 Activity 的样式等。

另外，Activity 通常还需要配置一个或多个<intent-filter></intent-filter>属性，用于指定该 Activity 可响应的 Intent。第 4 单元会详细介绍关于 Intent 和 intent-filter 属性的知识。

3.2 Activity 之间的跳转

应用程序一般都由多个界面组成，用户不同的操作会显示不同界面，这就要求 Activity 之间可以实现跳转和数据交换。启动其他 Activity 有如下两种方法。

（1）startActivity(Intent intent)：启动其他 Activity。

（2）startActivityForResult(Intent intent, int requestCode)：该方法不仅可以启动其他 Activity，还可以接收其他 Activity 的返回结果，requestCode 用于标识请求的来源，可以自定义。

上述两个方法的参数中均含有 Intent 属性。Intent 可以理解为"意图"，它可以设置将要启动的 Activity，也可以携带部分数据。Intent 重载了一系列 putExtra()方法用于传递数据，同时提供了一系列的 get 方法用于取出携带的数据。下面我们通过两个具体的任务介绍 Activity 的两种跳转方式。

任务 3.1 用 startActivity()方法实现跳转

本任务定义两个界面，在第 1 个界面中定义一个 Button 控件，用于单击后进行界面跳转，第 2 个界面接收第 1 个界面传递的数据并将其显示出来，运行结果如图 3.1 所示，左图所示界面是 ActivityA，单击"跳转"按钮后跳转到右图所示界面。

图 3.1　Activity 的跳转方式—运行结果

- **任务代码**

ActivityA 代码:

```
public class ActivityA extends Activity {

    //实现基类 Activity 的 onCreate()方法
    protected void onCreate(Bundle savedInstanceState) {
        super.onCreate(savedInstanceState);
        setContentView(R.layout.act_a);    //调用 setContentView()方法设置布局文件
        initWidget();
    }

    private void initWidget()
    {
        Button btn = (Button)findViewById(R.id.btn_click);    //获取"跳转"按钮
        btn.setOnClickListener(new OnClickListener(){    //为按钮设置单击监听事件
            public void onClick(View arg0) {
                //定义一个 Intent 对象,设置要跳转到的 Activity
                Intent intent = new Intent(ActivityA.this, ActivityB.class);
                intent.putExtra("key", "this is a message");    //携带数据
                startActivity(intent);    //调用 startActivity()方法进行跳转
            }
        });
    }
```

ActivityB 代码:

```
public class ActivityB extends Activity {

    protected void onCreate(Bundle savedInstanceState) {
        super.onCreate(savedInstanceState);
        setContentView(R.layout.act_b);
        Intent intent = getIntent();    //调用 getIntent()方法获取 Intent 对象
        //根据键值获取上一个界面传递过来的数据
        String strValue = intent.getStringExtra("key");
        TextView txtView = (TextView)findViewById(R.id.txt_content);
        txtView.setText(strValue);    //将数据显示出来
    }
}
```

Activity 配置文件:

```
<application
        android:allowBackup="true"
        android:icon="@drawable/ic_launcher"
        android:label="@string/app_name"
        android:theme="@style/AppTheme" >
        <activity
            android:name="com.demo.activity.ActivityA"
            android:label="@string/app_name" >
            <intent-filter>
                <action android:name="android.intent.action.MAIN" />
```

81

```
            <category android:name="android.intent.category.LAUNCHER" />
        </intent-filter>
    </activity>
    <activity android:name="com.demo.activity.ActivityB"/>
</application>
```

任务 3.2　用 startActivityForResult()方法实现登录效果

本任务运行结果如图 3.2 所示，左图所示界面是 MainActivity 的起始状态，只有一个"登录"按钮，单击该按钮后会跳转到 LoginActivity，即中间的图所示的界面。在 LoginActivity 界面的编辑框中输入用户名和密码之后单击"登录"按钮，又会返回到 MainActivity，并显示用户输入的信息。

图 3.2　Activity 的跳转方式二运行结果

- 任务代码

MainActivity 代码：

```
public class MainActivity extends Activity {
    @Override
    protected void onCreate(Bundle savedInstanceState) {
        super.onCreate(savedInstanceState);
        setContentView(R.layout.act_main);
        initWidget();
    }

    private void initWidget() {
        Button btn = (Button) findViewById(R.id.btn_login);    //获取按钮控件
        btn.setOnClickListener(new OnClickListener() {
            public void onClick(View v) {
                Intent intent = new Intent(MainActivity.this,
                    LoginActivity.class);    //定义 Intent 类型的变量，设置将要跳转的 Activity
                startActivityForResult(intent, 1);    //调用 startActivityForResult()启动另一个 Activity
            }
        });
```

```
        }

        //重写父类的 onActivityResult() 方法，接收其他界面的返回结果
        @Override
        protected void onActivityResult(int requestCode, int resultCode, Intent data) {
            Log.e("result", "requestCode:" + requestCode + "; resultCode:" +
resultCode + "; data:" + data);
            if (1 != requestCode || RESULT_OK != resultCode || null == data) {
                return;
            }
            String strUsername = data.getStringExtra("username");   //取出用户名
            String strPassword = data.getStringExtra("password");   //取出密码
            showResult(strUsername, strPassword);   //显示结果
        }

        private void showResult(String username, String password) {
            Button btn = (Button) findViewById(R.id.btn_login);
            btn.setVisibility(View.GONE);
            LinearLayout lly = (LinearLayout) findViewById(R.id.user_info);
            lly.setVisibility(View.VISIBLE);

            TextView txtUsername = (TextView) findViewById(R.id.txt_username);
            TextView txtPassword = (TextView) findViewById(R.id.txt_password);
            txtUsername.setText("用户输入的用户名是: " + username);
            txtPassword.setText("用户输入的密码是: " + password);
        }
    }
```

LoginActivity 代码:

```
public class LoginActivity extends Activity {

    protected void onCreate(Bundle savedInstanceState) {
        super.onCreate(savedInstanceState);
        setContentView(R.layout.act_login);
        initWidget();
    }

    private void initWidget() {
        Button btn = (Button) findViewById(R.id.btn_commit);
        btn.setOnClickListener(new OnClickListener() {
            public void onClick(View v) {
                EditText editUserName = (EditText) findViewById(R.id.edit_
username);   //获取输入用户名的控件
                EditText editPassword = (EditText) findViewById(R.id.edit_
password);   //获取输入密码的控件
                Intent data = new Intent();  //定义一个 Intent 类型的变量用于传递数据
                data.putExtra("username", editUserName.getText().toString());
//设置用户名
                data.putExtra("password", editPassword.getText().toString());
//设置密码
```

```
                    setResult(RESULT_OK, data);    //设置返回结果
                    LoginActivity.this.finish();    //把当前Activity关闭
                }
        });
    }
}
```

本任务在 MainActivity 中定义了一个按钮，按钮被单击后会启动 LoginActivity，启动的方式是使用 startActivityForResult()，并在 MainActivity 中重写父类的 onActivityResult()方法，该方法用于接收从 LoginActivity 返回的数据。在 LoginActivity 中定义了两个输入框用于输入用户名和密码，当按钮被单击后，获取输入框的内容，并通过 setResult()方法将数据返回给 MainActivity 显示。

3.3 Activity 的生命周期

当 Android 应用在系统中运行时，每个 Activity 都有它的生命周期。如果想编写出一个健壮、灵活的程序，了解 Activity 的生命周期至关重要。Activity 从创建到销毁，包括如下 3 种状态。

（1）活动状态：当前 Activity 处于前台周期，可以获得焦点，可以被用户看见并响应用户的操作。

（2）暂停状态：当前 Activity 依然对用户可见，但是不能获得焦点，其他 Activity 处于前台周期。一个处于暂停状态的 Activity 仍然处于内存中，但是在系统剩余内存较小的时候可能会被回收。

（3）停止状态：当前 Activity 不再对用户可见，完全处于后台周期。当其他地方有内存需求时，该 Activity 会被回收。

Activity 的每一种状态都有对应的回调方法，图 3.3 显示了 Activity 的生命周期和对应的回调方法。

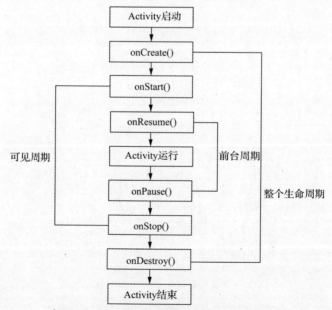

图 3.3　Activity 的生命周期和对应的回调方法

当 Activity 被创建时，系统会回调 onCreate()方法；当 Activity 被销毁时，会回调 onDestroy()

方法。onStart()和 onStop()位于 Activity 的可见周期，当 Activity 开始对用户可见的时候，会回调
onStart()方法；当 Activity 变为对用户不可见的状态时，会回调 onStop()方法。onResume()和
onPause()位于 Activity 的前台周期，当 Activity 可以获得焦点，可以和用户交互时，会回调
onResume()方法；当 Activity 处于暂停状态时，会回调 onPause()方法。开发者可以在不同的回
调方法中进行自己的操作，例如在 onCreate()方法中做一些初始化的操作，在 onDestroy()方法中
进行一些资源的释放操作。下面我们通过一个任务说明 Activity 回调方法执行的时机。

Activity 代码：

```java
public class MainActivity extends Activity implements OnClickListener {

    private final String TAG = "life";

    protected void onCreate(Bundle savedInstanceState) {
        super.onCreate(savedInstanceState);
        Log.e(TAG, "=======onCreate=======");
        setContentView(R.layout.activity_main);
        initWidget();
    }

    @Override
    protected void onResume() {
        super.onResume();
        Log.e(TAG, "=======onResume=======");
    }

    @Override
    protected void onPause() {
        Log.e(TAG, "=======onPause=======");
        super.onPause();
    }

    @Override
    protected void onStart() {
        super.onStart();
        Log.e(TAG, "=======onStart=======");
    }

    @Override
    protected void onStop() {
        Log.e(TAG, "=======onStop=======");
        super.onStop();
    }

    @Override
    protected void onDestroy() {
        Log.e(TAG, "=======onDestroy=======");
        super.onDestroy();
    }

    private void initWidget()
```

```
    {
        Button btn1 = (Button)findViewById(R.id.btn1);
        Button btn2 = (Button)findViewById(R.id.btn2);
        btn1.setOnClickListener(this);
        btn2.setOnClickListener(this);
    }


    @Override
    public void onClick(View v) {
        switch(v.getId())
        {
        case R.id.btn1:
        {
            displayDialog();
            break;
        }
        case R.id.btn2:
        {
            MainActivity.this.finish();
            break;
        }
        default:
            break;
        }
    }
```

在 MainActivity 中重写了生命周期的每个方法，并输出了相关的日志信息，当 Activity 创建的时候，日志输出信息如图 3.4 所示，可以看到 onCreate()、onStart()、onResume()方法被顺序调用。

L...	Time	PID	TID	Application	Tag	Text
E	05-01 11:40:47.626	654	654	com.demo.activity	life	======onCreate======
E	05-01 11:40:47.936	654	654	com.demo.activity	life	======onStart======
E	05-01 11:40:47.936	654	654	com.demo.activity	life	======onResume======

图 3.4　Activity 创建

按手机上的"Home"键，Activity 会处于后台周期，但是并没有被销毁，日志输出信息如图 3.5 所示，可以看到 onPause()、onStop()方法被顺序调用。

L...	Time	PID	TID	Application	Tag	Text
E	05-01 15:14:40.520	559	559	com.demo.activity	life	======onPause======
E	05-01 15:14:43.409	559	559	com.demo.activity	life	======onStop======

图 3.5　Activity 处于后台周期

当 Activity 处于后台周期时，重新单击该应用程序图标，让 Activity 重新显示在前台，日志输出信息如图 3.6 所示，可以看到 onStart()、onResume()方法被顺序调用。

L...	Time	PID	TID	Application	Tag	Text
E	05-01 15:15:40.868	559	559	com.demo.activity	life	======onStart======
E	05-01 15:15:40.868	559	559	com.demo.activity	life	======onResume======

图 3.6　Activity 重新显示在前台

单击 App 界面上的"退出"按钮，Activity 完全被销毁，日志输出信息如图 3.7 所示，可以看到 onPause()、onStop()、onDestroy()方法被顺序调用。

L...	Time	PID	TID	Application	Tag	Text
E	05-01 15:13:24.898	559	559	com.demo.activity	life	======onPause======
E	05-01 15:13:26.098	559	559	com.demo.activity	life	======onStop======
E	05-01 15:13:26.098	559	559	com.demo.activity	life	======onDestroy======

图 3.7　Activity 完全被销毁

3.4 Activity 的启动模式

一个应用通常包括多个 Activity，每个 Activity 均有自己特定的操作，并且可以启动其他 Activity。例如一个邮箱应用中可能会有一个 Activity 用于显示邮件列表，用户单击其中一个邮件之后，会启动一个新的 Activity，在其中可以查看邮件的具体内容。本节我们将介绍系统如何排列一个应用中的多个 Activity。

在 Android 中，每启动一个应用，系统都会为该应用创建一个任务栈，并且将该应用的首页 Activity 压入堆栈底部。如果在当前 Activity 中打开一个新的 Activity，则系统会保存之前的 Activity 的状态，将新打开的 Activity 压入堆栈的顶部，并且获取焦点。当用户单击"返回"按钮之后，新打开的 Activity 会从堆栈顶部移除，之前的 Activity 恢复状态并正常运行。如果堆栈中已经不存在 Activity，则系统会将应用的任务栈回收。这是系统对 Activity 的默认处理方式，适用于大多数应用。但是有些时候，我们可能想要使用一些不同的处理方式。例如，当我们多次启动同一个 Activity 时，系统仍然会创建多个 Activity 对象并将其保存在堆栈中。对此，Android 提供了启动模式，使用户能够修改默认设置，可以通过两种方式指定 Activity 的启动模式：在 AndroidManifest.xml 中配置或在 Intent 中设置。

1. 在 AndroidManifest.xml 中配置

在配置中使用<activity>的 launchMode 属性指定当前 Activity 的启动模式，示例如下：

```
<activity
        android:name="com.demo.ActivityA"
        android:launchMode="standard">
        <intent-filter >
            <action android:name="android.intent.demo"/>
        </intent-filter>
</activity>
```

2. 在 Intent 中设置

通过 Intent 的 addFlags()方法指定当前 Activity 的启动模式，示例如下：

```
Intent intent = new Intent();
intent.setAction("android.intent.demo");
intent.addFlags(Intent.FLAG_ACTIVITY_NEW_TASK);
startActivity(intent);
```

Android 提供的启动模式有 4 种，分别是 standard、singleTop、singleTask、singleInstance。

（1）standard：默认的启动模式，每启动一个 Activity，都新建一个 Activity 对象并将其压入当前任务栈中。

（2）singleTop：系统在启动一个 Activity 时，会判断当前待启动的 Activity 和栈顶的 Activity 是否一致，如果是同一个 Activity，则不新建当前 Activity 的对象，而是回调栈顶 Activity 对象的 onNewIntent()方法。例如，当前任务栈中存在 A、B、C、D 这 4 个 Activity，此时启动 Activity D，如果使用的是 standard 模式，则会新建 D 的对象并将其压入栈中，则栈中的 Activity 为 A、B、C、D。如果使用的是 singleTop 模式，则不新建对象，直接回调 D 的 onNewIntent()方法，栈中的 Activity 仍为 A、B、C、D。

（3）singleTask：新启动的 Activity 如果在当前任务栈中已经存在，则不新建对象，直接回调栈中已存在对象的 onNewIntent()方法。该启动模式和 singleTop 类似，但是不要求新启动的 Activity 在栈顶存在，只要在栈中存在即可。

（4）singleInstance：每启动一个应用，系统都会为该应用建立一个任务栈。singleInstance 启动模式要求 Activity 只能单独地位于一个任务栈中，即对象在所有的任务栈范围内都只存在一份。

3.5 项目实战——管理 RSS 源

在第 2 单元的项目实战中，我们实现了 RSS 源的添加和删除，本单元实现读取 RSS 源的内容并展示。

项目实战

（1）首先我们定义一个 Model 类用于抽象 RSS 源的内容信息。

RSSItem 代码：

```
public class RSSItem {
    private String tag;  // RSS 源
    private String title; // 文章的标题
    private String link;  // 文章的详情超链接
    private String description; // 文章的摘要信息
    private String pubDate; // 文章的发布日期

    public String getTag() {
        return tag;
    }

    public void setTag(String tag) {
        this.tag = tag;
    }

    public String getTitle() {
        return title;
    }

    public void setTitle(String title) {
        this.title = title;
    }

    public String getLink() {
        return link;
    }

    public void setLink(String link) {
        this.link = link;
    }
```

```
    public String getDescription() {
        return description;
    }

    public void setDescription(String description) {
        this.description = description;
    }

    public String getPubDate() {
        return pubDate;
    }

    public void setPubDate(String pubDate) {
        this.pubDate = pubDate;
    }
}
```

（2）接下来，我们定义一个类用于访问 RSS 源对应的超链接，并解析读取到的内容。
RSSLoader 代码：

```
public class RSSLoader {

    private final List<RSSItem> rssItems;
    private final Lock lock = new ReentrantLock();
    private final RSSSourceRepository sourceRepository;

    public RSSLoader() {
        this.rssItems = new ArrayList<>();
        this.sourceRepository = new RSSSourceRepository();
    }

    public List<RSSItem> getItems() {
        lock.lock();
        List<RSSItem> result = new ArrayList<>(this.rssItems);
        lock.unlock();
        return result;
    }

    public void load() {
        lock.lock();
        List<String> urls = new ArrayList<>();
        // 从 RSS 源的管理类中获取每个 RSS 源的 URL
        for (RSSSource source : sourceRepository.getSources()) {
            urls.add(source.getUrl());
        }
        try {
            OkHttpClient client = new OkHttpClient();
            for (String url : urls) {
                Request request = new Request.Builder().url(url).build();
                Response response = client.newCall(request).execute();
        // 解析读取到的内容
```

```
                    this.rssItems.addAll(RSSXMLParser.parse(response.body().
byteStream())));
                    response.body().close();
                }
            } catch (Exception e) {
                e.printStackTrace();
            }
            lock.unlock();
        }
    }
```

RSSXMLParser 代码：

```
public class RSSXMLParser {
    public static RSSItem parseItem(String tag, Node node) {
        RSSItem rssItem = new RSSItem();
        rssItem.setTag(tag);
        NodeList childNodes = node.getChildNodes();
        int len = childNodes.getLength();
        for (int i = 0; i < len; ++i) {
            Node childNode = childNodes.item(i);
            String nodeName = childNode.getNodeName();
            String nodeVal = childNode.getTextContent();
            if ("title".equals(nodeName)) {
                rssItem.setTitle(nodeVal);
            } else if ("link".equals(nodeName)) {
                rssItem.setLink(nodeVal);
            } else if ("pubDate".equals(nodeName)) {
                rssItem.setPubDate(nodeVal);
            } else if ("description".equals(nodeName)) {
                rssItem.setDescription(nodeVal);
            }
        }
        return rssItem;
    }

    public static List<RSSItem> parse(InputStream content) {
        List<RSSItem> result = new ArrayList<>();
        try {
            DocumentBuilder builder = DocumentBuilderFactory.newInstance().
newDocumentBuilder();
            Document doc = builder.parse(content);
            doc.getDocumentElement().normalize();
            NodeList channels = doc.getElementsByTagName("channel");
            int len = channels.getLength();
            if (len < 1) {
                return result;
            }
            for (int i = 0; i < len; ++i) {
                Node channel = channels.item(i);
                String tag = "";
                NodeList childNodes = channel.getChildNodes();
                int count = childNodes.getLength();
```

```
            for (int j = 0; j < count; ++j) {
                Node node = childNodes.item(j);
                if ("title".equals(node.getNodeName())) {
                    tag = node.getFirstChild().getNodeValue();
                } else if ("item".equals(node.getNodeName())) {
                    result.add(parseItem(tag, node));
                }
            }
        }
    } catch (Exception e) {
        e.printStackTrace();
    }
    return result;
    }
}
```

（3）实现 RSS 源内容的读取和解析之后，就在首页以列表的形式将其展示出来。首先定义一个 XML 文件用于显示列表的每一行。

view_rss_abstract_list_item.xml 代码：

```
<?xml version="1.0" encoding="utf-8"?>
<LinearLayout xmlns:android="http://schemas.android.com/apk/res/android"
    android:layout_width="match_parent"
    android:layout_height="match_parent"
    android:orientation="vertical">
    <TextView
        android:id="@+id/txt_rss_title"
        android:layout_width="match_parent"
        android:layout_height="wrap_content"
        android:gravity="start|center"
        android:textStyle="bold" />
    <TextView
        android:id="@+id/txt_rss_rag"
        android:layout_width="wrap_content"
        android:layout_height="wrap_content"
        android:gravity="start|center" />
    <TextView
        android:id="@+id/txt_rss_description"
        android:layout_width="match_parent"
        android:layout_height="wrap_content"
        android:gravity="start|center"
        android:textStyle="italic" />
</LinearLayout>
```

页面整体采用纵向线性布局，首先定义一个 TextView 用于显示文章的标题，字体设置为粗体；紧接着定义一个 TextView 用于显示 RSS 源；最后定义一个 TextView 用于显示文章的摘要信息，字体设置为斜体。对数据的填充，仍然采用自定义的 Adapter，代码具体如下：

RSSAbstractAdapter 代码：

```
public class RSSAbstractAdapter extends BaseAdapter {

    private final RSSLoader rssLoader;
```

91

```
    private LayoutInflater flater;


    public RSSAbstractAdapter(Context context, RSSLoader rssLoader) {
        flater = LayoutInflater.from(context);
        this.rssLoader = rssLoader;
    }


    public int getCount() {
        return null == rssLoader ? 0 : rssLoader.getItems().size();
    }


    public RSSItem getItem(int position) {
        List<RSSItem> items = rssLoader.getItems();
        return null == items ? null : items.get(position);
    }


    @Override
    public long getItemId(int position) {
        return 0;
    }


    @Override
    public View getView(int position, View view, ViewGroup viewGroup) {
        if (null == view) {
            view = flater.inflate(R.layout.view_rss_abstract_list_item, null);
        }
        TextView txtTitle = (TextView) view.findViewById(R.id.txt_rss_title);
        TextView txtDesc = (TextView) view.findViewById(R.id.txt_rss_description);
        TextView txtTag = (TextView) view.findViewById(R.id.txt_rss_rag);

        final RSSItem item = getItem(position);
        if (null != item) {
            txtTitle.setText(item.getTitle());
            txtDesc.setText(item.getDescription());
            txtTag.setText(item.getTag());
        }
        return view;
    }
}
```

（4）将数据加载、页面布局以及用于数据填充的 Adapter 准备好之后，就可以在 MainActivity 中将这些内容组合起来。首先，在 MainAcitivtity 的 onCreate()回调方法中开始进行数据的加载操作，由于在 Android 主线程中不能进行网络请求等耗时操作，所以我们另外启动一个子线程触发数据加载，并利用 2.7.3 小节中提到的 Handler 类，在数据准备好的时候通知 Adapter 数据发生变化，从而刷新 ListView 的显示。

MainActivity 代码：

```
public class MainActivity extends AppCompatActivity {

    private static final int MSG_ID = 1000;
```

```
private final RSSLoader rssLoader = new RSSLoader();
private RSSAbstractAdapter adapter;
private RSSReadyHandler handler = new RSSReadyHandler();

@Override
protected void onCreate(Bundle savedInstanceState) {
    super.onCreate(savedInstanceState);
    setContentView(R.layout.activity_main);
    new Thread(new Runnable() {
        @Override
        public void run() {
            rssLoader.load();
            Message message = new Message();
            message.what = MSG_ID;
            handler.sendMessage(message);
        }
    }).start();
    adapter = new RSSAbstractAdapter(this, this.rssLoader);
    ListView listView = (ListView) findViewById(R.id.lv_rss_abstract);
    listView.setAdapter(adapter);
}

@Override
public boolean onCreateOptionsMenu(Menu menu) {
    //加载菜单文件 main_menu_options.xml
    getMenuInflater().inflate(R.menu.main_menu_options, menu);
    return true;
}

@Override
public boolean onOptionsItemSelected(@NonNull MenuItem item) {
    switch (item.getItemId()) { // 判断单击的菜单项的 ID
        case R.id.menu_rss_source: { // 跳转到 RSS 源管理页面
            Log.i("Menu", "click RSS source");
            Intent intent = new Intent(MainActivity.this, RSSActivity.class);
            startActivity(intent);
            return true;
        }
        case R.id.menu_exit: {
            Log.i("Menu", "click exit");
            return true;
        }
        default:
            return super.onOptionsItemSelected(item);
    }
}

class RSSReadyHandler extends Handler {
    @Override
    public void handleMessage(Message msg) {
```

```
        switch (msg.what) {
            case MSG_ID: {
                adapter.notifyDataSetChanged(); // 通知 Adapter 数据发生变化
                break;
            }
            default:
                super.handleMessage(msg);
                break;
        }
    }
}
```

另外，网络请求需要在 AndroidManifest.xml 中配置如下权限：

```
<uses-permission android:name="android.permission.INTERNET" />
```

最终，在启动应用之后，加载并显示 RSS 源内容的效果如图 3.8 所示。

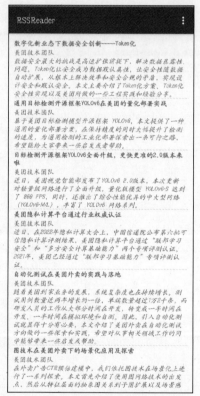

图 3.8　加载并显示 RSS 源内容的效果

3.6　单元小结

　　作为 Android 的四大组件之一，Activity 主要用于显示界面。在本单元我们首先介绍了 Activity 的创建和 Activity 之间的跳转；然后介绍了 Activity 的整个生命周期，这样有助于读者更好地了解 Activity 从创建到销毁的整个过程；最后我们介绍了 Activity 的 4 种启动模式。3.5 节项目实战演示了如何通过 Activity 承载界面的展示。

3.7 课后习题

1. 对于 AndroidManifest.xml 文件的作用，以下描述正确的是（   ）。
   A. 描述应用的组件
   B. 指定 Android API 的最小版本
   C. 通过包名为应用指定唯一标识
   D. 以上都是

2. 在 Activity 中，可以使用（   ）访问 Layout 中的元素。
   A. onCreate()   B. findViewById()
   C. setContentView()   D. 以上都不行

3. Android 以（   ）的方式组织 Activity。
   A. 堆   B. 链表   C. 树   D. 栈

4. 在创建一个 Activity 时，（   ）方法必须被实现。

5. 在系统剩余内存较小的时候，处于（   ）状态的 Activity 可能会被回收。

6. 举例说明 startActivity()和 startActivityForResult()分别可以用于什么场景？

7. 在 Activity 的生命周期中，onStart()和 onResume()分别在什么时候回调？

8. 一个应用从前台切换到后台，当前 Activity 会回调哪些方法？

第4单元
Intent和
BroadCastReceiver

04

情景引入

在第3单元介绍Activity时，我们多次使用到了Intent实现应用内部界面之间的跳转。但是在实际的开发过程中，可能会有调用系统内部应用的需求，例如在应用内部打开相机，这也可以通过Intent实现。Intent是一个用于消息传递的对象，Android系统可以根据Intent设置的内容去调用不同的组件，同时可以携带一些必要的数据。另外，在我们使用手机的过程中，经常会收到一些消息提醒，例如手机电量过低的提示，这就要通过Android的BroadCastReceiver实现。本单元首先介绍Intent的使用方法以及两种不同的Intent类型，然后重点介绍Android的BroadCastReceiver组件以及两种不同的注册方式，最后通过一个小任务演示如何接收系统广播。通过本单元的学习，读者可以掌握通过Intent调用系统内部应用的方法，并熟悉Android的消息提醒机制。

学习目标

知识目标

1. 熟悉显式Intent和隐式Intent的使用方法。
2. 熟悉intent-filter的配置。
3. 熟悉广播接收者的实现流程。
4. 熟悉广播的静态和动态注册方式。
5. 了解一些常见的系统广播。

能力目标

1. 可以通过隐式Intent调用系统功能。
2. 可以通过BroadCastReceiver接收系统消息并提示。

素质目标

1. 培养学生在不同的应用场景下进行技术选型的能力。
2. 培养学生良好的编程习惯。

思维导图

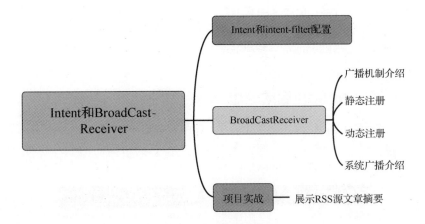

4.1 Intent 和 intent-filter 配置

Intent 可以启动不同的组件，基本的使用场景有以下 3 种。

（1）将 Intent 对象作为参数传递给 startActivity()或 startActivityForResult()，启动一个 Activity。

（2）将 Intent 对象作为参数传递给 startService()或 bindService()，启动一个 Service。

（3）将 Intent 对象作为参数传递给 sendBroadcast()、sendOrderedBroadcast()或 sendStickyBroadcast()，发送一个广播。

关于 Service 的内容会在第 7 单元中介绍，此处暂不展开说明。下面详细介绍 Intent 的相关知识。

Intent 可以分成两种类型，这两种类型分别是显式 Intent 和隐式 Intent。

（1）显式 Intent：在定义 Intent 对象时，根据类名明确指定所要启动的组件。这种类型通常用于应用程序的内部，例如从一个 Activity 界面跳转到另外一个界面，代码示例如下：

```
//Intent 明确指定了要跳转到 LoginActivity
Intent intent = new Intent(MainActivity.this, LoginActivity.class);
startActivity(intent);
```

（2）隐式 Intent：在定义 Intent 对象时，没有明确指定所要启动的组件，只是设置了一些过滤条件。Android 系统会根据特定的匹配过滤条件，找到并启动相应的组件，代码示例如下：

```
Intent intent = new Intent();
//Intent 并没有明确指定要启动哪个组件，只是设置了一个过滤条件
intent.setAction("com.action.show");
startActivity(intent);
```

可以看出，隐式 Intent 只表明了"想要做什么"，它并不关心谁去"执行"想要做的这个操作，Android 系统会去匹配过滤条件并启动合适的组件。

创建隐式 Intent 之后，Android 系统会将 Intent 的内容与设备上其他应用的 AndroidManifest.xml 文件中声明的 intent-filter 进行比较，从而找到所要启动的组件。在第 3 单元介绍 Activity 的配置时提到过，intent-filter 可以设置 action、data、category 属性，Android 系统也是依次通过这 3

个属性进行匹配判断的。下面分别介绍这 3 个属性。

1. action 属性

action 属性是一个字符串，在定义隐式 Intent 时，如果通过 setAction()方法指定了 action，系统会查找设备中应用的 AndroidManifest.xml 文件，如果某个组件在 intent-filter 属性里配置了符合过滤条件的 action，则匹配成功，系统会启动该组件。下面我们通过一个任务说明 action 的匹配。

任务 4.1 通过 action 启动 Activity

本任务 action 跳转的运行结果如图 4.1 所示，在用户单击 MainActivity 中的按钮之后，系统会在各个应用的 AndroidManifest.xml 文件中查找 action 属性。匹配到 ShowActivity 配置的 action 属性符合过滤条件，则启动 ShowActivity。

图 4.1 action 跳转的运行结果

- **任务代码**

MainActivity 代码:

```
public class MainActivity extends Activity {
    protected void onCreate(Bundle savedInstanceState) {
        super.onCreate(savedInstanceState);
        setContentView(R.layout.act_main);
        initWidget();
    }
    private void initWidget()
    {
        Button btn = (Button)findViewById(R.id.btn_click);    //定义按钮对象
        btn.setOnClickListener(new OnClickListener()
        {
            public void onClick(View v) {
                Intent intent = new Intent();    //定义一个 Intent 对象
                //没有明确指定需要启动的 Activity,只设置了 action
                intent.setAction("com.demo.action.show");
                startActivity(intent);
            }
```

```
        });
    }
}
```

ShowActivity 代码:

```
public class ShowActivity extends Activity {
    protected void onCreate(Bundle savedInstanceState) {
        super.onCreate(savedInstanceState);
        setContentView(R.layout.act_show);
        Intent intent = getIntent();    //获取 Intent 对象
        String action = intent.getAction();    //获取 action 内容
        TextView txtView = (TextView)findViewById(R.id.txt_show);
        txtView.setText("action is: " + action);    //显示 action 内容
    }
}
```

ShowActivity 的配置:

```
<activity android:name="com.demo.intent.ShowActivity">
        <intent-filter>
            <action android:name="com.demo.action.show"/>
            <category android:name="android.intent.category.DEFAULT"/>
        </intent-filter>
</activity>
```

MainActivity 的内容比较简单，仅定义了一个按钮对象，单击之后启动另外一个 Activity。从 MainActivity 代码中可以看出，在单击按钮之后，没有为 Intent 对象明确指定需要启动的组件名，仅设置了 action 属性，即 MainActivity 并不关心将要启动谁。ShowActivity 中定义了一个 TextView 用于显示获取的 action 名。另外 ShowActivity 的配置增加了一个 action 属性。

Android 系统也提供了一系列标准的 action，常见的标准 action 如表 4.1 所示。

表 4.1　常见的标准 action

常量定义	对应字符串	说明
Intent.ACTION_CALL	android.intent.action.CALL	向指定用户拨打电话
Intent.ACTION_EDIT	android.intent.action.EDIT	编辑指定的数据
Intent.ACTION_MAIN	android.intent.action.MAIN	程序的入口，即程序的启动页面
Intent.ACTION_VIEW	android.intent.action.VIEW	查看指定的数据
Intent.ACTION_SEND	android.intent.action.SEND	发送数据
Intent.ACTION_DIAL	android.intent.action.DIAL	显示设备的拨号页面

2. data 属性

data 属性通常与 action 属性一起使用，用于向 action 属性提供操作所需要的数据。data 由两部分组成：URI（Uniform Resource Identifier，统一资源标识符）和 MIME type。一个 URI 通常以如下的字符串形式表示：scheme://host:port/path。MIME type 用于明确指定数据的类型。在这里需要注意 Intent.setType()、Intent.setData() 和 Intent.setData AndType() 这 3 个方法，前两个方法会互相覆盖，调用 Intent.setType() 方法之后，系统会先设置 MIME type，然后将 data 置为 null。同样地，如果调用 Intent.setData() 方法，系统会先设置 URI，然后将 MIME type 置为 null。如果想同时设置 URI 和 MIME type，可以调用 Intent.setDataAndType()。

3. category 属性

大多数 Intent 不需要添加 category 属性，通过 action 和 data 属性已经可以准确地表达一个完整的意图了。但有些时候，为了使匹配更加明确，可以添加 category 属性作为附加信息。一个 Intent 只能指定一个 action 属性，但是可以指定多个 category 属性。表 4.2 列出了 Android 系统自带的一些标准 category 属性。

表 4.2　Android 系统自带的一些标准 category 属性

常量定义	对应字符串	说明
CATEGORY_BROWSABLE	android.intent.category.BROWSABLE	该 Activity 可以安全地被浏览器调用
CATEGORY_HOME	android.intent.category.HOME	该 Activity 随系统启动
CATEGORY_LAUNCHER	android.intent.category.LAUNCHER	应用启动时第一个启动的 Activity
CATEGORY_PREFERENCE	android.intent.category.PREFERENCE	该 Activity 是参数面板

4.2　BroadCastReceiver

BroadCastReceiver 也是 Android 四大组件之一，它用于在系统范围内接收广播通知，例如电池电量不足、数据下载完成等。在 BroadCastReceiver 中一般会做一些轻量级的处理。

4.2.1　广播机制介绍

Android 广播机制是 Android 中的重要组件。Android 这种被动等待接收消息的机制类似于广播的处理，即广播发送者发送一条消息，广播接收者接收到消息之后做对应的处理，BroadCastReceiver 就是广播接收者。了解设计模式的读者也可以将这种处理方式和观察者模式进行比较。具体的实现流程如下。

（1）BroadCastReceiver 向系统进行注册。

（2）广播发送者发送广播。

（3）系统查找符合相应条件的 BroadCastReceiver，将广播内容发送到 BroadCastReceiver 相应的消息循环队列中。

（4）回调 BroadCastReceiver 中的 onReceive()方法。

广播发送者和广播接收者之间的消息传递通过 Intent 实现。

4.2.2　静态注册

BroadCastReceiver 在使用之前需要向系统注册，有两种注册方式：静态注册和动态注册。静态注册是在 AndroidManifest.xml 中进行配置，BroadCastRecevier 的配置与 Activity 的类似。下面我们通过一个任务说明 BroadCastReceiver 的使用方法。

任务 4.2　BroadCastReceiver 的使用

在界面中显示一个按钮，该按钮被单击之后，系统调用 sendBroadcast()方法发送广播，参数为 Intent。运行结果如图 4.2 所示，单击该按钮之后，控制台输出接收到的内容。

L...	Time	PID	TID	Application	Tag	Text
I	06-27 15:59:59.489	538	538	com.demo.broadcas...	MyReceiver	msg:this is a broadcast

图 4.2　静态注册广播的运行结果

- **任务代码**

MyReceiver 代码（自定义广播接收者）：

```
//定义一个广播接收者，它继承自 BroadCastReceiver，用于接收广播消息
public class MyReceiver extends BroadCastReceiver
{
    public void onReceive(Context context, Intent intent)    //实现 onReceive()
回调方法
    {
        if(null == intent)
        {
          return;
        }
        String action = intent.getAction();    //取出 Intent 的具体 action
        //判断 action 和配置的是否一致
        if(!TextUtils.isEmpty(action) && "android.intent.action.receiverdemo"
.equals(action))
        {
            String msg = intent.getStringExtra("msg");    //取出 Intent 携带的数据
            Log.i("MyReceiver", "msg:" + msg);    //输出接收到的内容
        }
    }
}
```

首先自定义一个广播接收者，实现其中的 onReceive()回调方法，在其中做相应的处理。onReceive()回调方法有两个参数：一个是发送广播上下文的 Context，一个是携带广播数据的 Intent。

在 AndroidManifest.xml 中注册广播：

```
<receiver android:name="com.demo.receiver.MyReceiver">
        <intent-filter>
            <action android:name="android.intent.action.receiverdemo"/>
        </intent-filter>
 </receiver>
```

可以看到，广播接收者的静态注册和 Activity 的配置类似，需要定义一个 action 用于接收特定的广播。

MainActivity 代码：

```
public class MainActivity extends Activity
```

```
{
    protected void onCreate(Bundle savedInstanceState)
    {
        super.onCreate(savedInstanceState);
        setContentView(R.layout.activity_main);
        initWidget();
    }
    private void initWidget()
    {
        Button btnSend = (Button)findViewById(R.id.btn_send);
        btnSend.setOnClickListener(new OnClickListener()
        {
            public void onClick(View v)
            {
                Intent intent = new Intent();    //定义 Intent
//设置 Intent 的 action 属性
                intent.setAction("android.intent.action.receiverdemo");
                intent.putExtra("msg", "this is a broadcast");    //携带数据
                MainActivity.this.sendBroadcast(intent);    //发送广播
            }
        });
    }
}
```

4.2.3　动态注册

除了可以在 AndroidManifest.xml 中静态注册广播之外，还可以在代码中动态地注册广播。下面我们通过一个任务来了解一下。

任务 4.3　动态注册广播

本任务通过代码说明动态注册广播的方式。
- **任务代码**
MainActivity 代码：

```
public class MainActivity extends Activity
{
    private MyReceiver mReceiver = null;
    protected void onCreate(Bundle savedInstanceState)
    {
        super.onCreate(savedInstanceState);
        setContentView(R.layout.activity_main);
        initWidget();
        mReceiver = new MyReceiver();    //定义一个广播接收者对象
        //定义一个 IntentFilter，指定该广播接收者可以匹配的 action
        IntentFilter filter = new IntentFilter("android.intent.action.
receiverdemo");
        registerReceiver(mReceiver, filter);    //注册广播
    }
    protected void onDestroy()
```

```
    {
        if(null != mReceiver)
        {
            unregisterReceiver(mReceiver);      //反注册广播接收者
            mReceiver = null;
        }
    }
    private void initWidget()
    {
        Button btnSend = (Button)findViewById(R.id.btn_send);
        btnSend.setOnClickListener(new OnClickListener()
        {
            public void onClick(View v)
            {
                Intent intent = new Intent();     //定义 Intent
                intent.setAction("android.intent.action.receiverdemo");      //设
置 Intent 的 action 属性
                intent.putExtra("msg", "this is a broadcast");      //携带数据
                MainActivity.this.sendBroadcast(intent);      //发送广播
            }
        });
    }
}
```

从代码中可以看到，在 Activity 的 onCreate()方法中定义了一个 MyReceiver 对象，然后定义了一个 IntentFilter 用于指定广播接收者可以匹配的 action，然后通过 registerReceiver()方法注册广播。需要注意的是，在退出界面时，需要调用 unregisterReceiver()方法反注册广播接收者。

> **注意** 对于开发者来说，一个类中的方法最好成对出现，例如有一个灯泡管理类，如果对外提供了开灯方法，最好同时对外提供一个关灯方法。对于 Activity 来说，其生命周期的方法也都是成对出现的，**onCreate()**方法是 Activity 生命周期开始的方法，可以在其中做一些初始化的操作，广播的注册过程就可以放在其中。**onDestroy()**方法是 Activity 生命周期结束的方法，可以在其中做一些资源释放和回收，广播接收者的反注册过程就可以放在其中。

4.2.4 系统广播介绍

除了自定义的广播之外，BroadCastReceiver 还有一个很重要的作用——接收系统广播。系统在执行一些特定的操作或者在一些特定的状态下会发送系统广播。例如，系统在刚开机的时候会发送开机广播，在电池电量低的时候也会发送广播。表 4.3 列出了一些常见的系统广播 action 常量。

表 4.3　常见的系统广播 action 常量

常量定义	说明
ACTION_TIME_CHANGED	系统时间发生改变
ACTION_TIMEZONE_CHANGED	系统时区发生改变

常量定义	说明
ACTION_BOOT_COMPLETED	系统开机完成
ACTION_PACKAGE_ADDED	系统添加包，一般在安装新应用之后
ACTION_PACKAGE_REMOVED	系统删除包，一般在应用卸载之后
ACTION_BATTERY_CHANGED	电池电量发生改变
ACTION_BATTERY_LOW	电池电量低
ACTION_POWER_CONNECTED	设备连接上电源
ACTION_POWER_DISCONNECTED	设备与电源断开
ACTION_SHUTDOWN	设备关机

下面我们通过一个任务说明系统广播的使用。

任务 4.4　通过接收系统广播提示用户充电

在使用手机的过程中，如果手机的电池电量过低，系统一般都会提示用户需要充电，我们可以通过接收系统广播实现这个功能。

● **任务代码**

MyReceiver 代码：

```
//定义一个广播接收者，它继承自 BroadCastReceiver，用于接收广播消息

public class MyReceiver extends BroadCastReceiver
{
    public void onReceive(Context context, Intent intent)   //实现 onReceive()
回调方法
    {
        Bundle bundle = intent.getExtras();   //获取 Intent 携带的数据
        int curBarray = bundle.getInt("level");   //获取当前电量
        int totalBarray = bundle.getInt("scale");   //获取总电量
        if(curBarray * 1.0 / totalBarray < 0.20)   //电量低于 20%，提示用户充电
        {
            Toast.makeText(context, "电池电量低，请充电！", Toast.LENGTH_LONG).
show();
        }
    }
}
```

广播的注册：

```
<receiver android:name="com.demo.receiver.MyReceiver">
        <intent-filter>
            <action android:name="android.intent.action.BATTERY_CHANGED"/>
        </intent-filter>
</receiver>
```

从上述代码可以看出，系统广播的使用与自定义广播的类似，需要定义一个广播接收者处理接收到广播之后的操作，然后对广播进行注册，注意注册使用的 action 与表 4.3 中列出的系统广播对应的 action 要一致。

4.3 项目实战——展示 RSS 源文章摘要

在第 3 单元的项目实战中，我们从 RSS 源中读取了文章的标题、摘要、超链接地址等信息，并将其以列表的形式展示出来。在此基础上，本单元实现单击列表的某个条目，就加载并显示文章的详细内容。

项目实战

（1）首先在布局文件中定义一个 WebView 组件。

- 项目代码

rss_content.xml 代码：

```xml
<?xml version="1.0" encoding="utf-8"?>
<LinearLayout xmlns:android="http://schemas.android.com/apk/res/android"
    android:layout_width="match_parent"
    android:layout_height="match_parent">
    <WebView
        android:id="@+id/web_view"
        android:layout_width="match_parent"
        android:layout_height="match_parent" />
</LinearLayout>
```

（2）然后在 Activity 中加载布局文件，利用 Intent 获取传递过来的文章超链接地址，并将其加载、显示到 WebView 控件中。

- 项目代码

RSSContentActivity 代码：

```java
public class RSSContentActivity extends AppCompatActivity {
    @Override
    protected void onCreate(@Nullable Bundle savedInstanceState) {
        super.onCreate(savedInstanceState);
        setContentView(R.layout.rss_content);

        Intent intent = getIntent();
        String link = intent.getStringExtra("link");
        WebView wv = (WebView) findViewById(R.id.web_view);
        wv.loadUrl(link);
    }
}
```

对于 RSSContentActivity 的调用，我们采用隐式 Intent 的方式，所以在 AndroidManifest 文件中配置 RSSContentActivity 的时候，需要声明 intent-filter，定义该 Acitivity 可以接受的启动规则。

- 项目代码

AndroidManifest.xml 代码：

```xml
<activity
    android:name=".activity.RSSContentActivity"
    android:exported="true">
    <intent-filter>
        <action android:name="com.rssreader.action.content" />
        <category android:name="android.intent.category.DEFAULT" />
    </intent-filter>
</activity>
```

（3）在准备好用于显示文章详细内容的 Activity 之后，我们就可以对 ListView 增加单击事件，传递文章详情页的 URL 并跳转到 RSSContentActivity。

- 项目代码

MainActivity 代码：

```
listView.setOnItemClickListener(new AdapterView.OnItemClickListener() {
    @Override
    public void onItemClick(AdapterView<?> adapterView, View view, int i, long l) {
        RSSItem item = adapter.getItem(i);
        Intent intent = new Intent();
    // Intent 并没有指明需要跳转到 RSSContentActivity，只是设置了一个 action
        intent.setAction("com.rssreader.action.content");
        intent.putExtra("link", item.getLink());
        startActivity(intent);
    }
});
```

单击列表的某个条目之后，具体显示的内容如图 4.3 所示。

图 4.3 具体显示的内容

4.4 单元小结

本单元我们首先介绍了 Intent 和 intent-filter 的概念，Intent 一般用于指示想要启动的组件并传递参数，第 3 单元关于 Activity 的项目实战也显示了 Intent 的具体使用方式。然后介绍了 Android 的广播机制，主要包括广播接收者的创建和注册。最后介绍了系统在发生一些行为时会发送的系统广播，用户可以自定义广播接收者接收这些信息并对其做相应的处理。广播接收者一般会和其他组件结合使用。4.3 节项目实战演示了如何通过 Intent 实现界面的跳转并在不同的界面之间传递数据。

4.5 课后习题

1. 关于 Intent，下列描述正确的是（　　）。
   A. 它用于处理系统消息的接收
   B. 长期在后台运行的进程，不会随着界面切换而退出
   C. 它可以实现界面间的切换，可以包含动作和动作数据
   D. 它用于在不同的应用程序之间实现数据共享
2. Android 中定义广播接收者要继承（　　）。
   A. BroadCastReceiver   B. BroadCastSender
   C. Receiver   D. Sender
3. Intent 可以分为（　　）和（　　）。
4. 一个 intent-filter 可以设置（　　）、（　　）、（　　）属性。
5. 发送广播可以通过调用（　　）方法实现。
6. 定义广播接收者，需要实现（　　）方法。
7. 广播注册的方式有（　　）注册和（　　）注册。
8. 简述显式 Intent 和隐式 Intent 的区别与使用场景。
9. 简述广播接收者的实现流程。
10. 思考如何实现广播发送。

第5单元
数据存储

05

情景引入

所有的应用程序都会产生数据的存储和读写。例如，手机游戏可以保存用户当前玩到的关卡和所得的分数，音乐播放器或视频播放软件会记录用户的使用习惯，这些配置在用户关机、重启之后仍然会保存，说明数据都被持久化了。本单元主要介绍Android系统中数据的保存方式。通过本单元的学习，读者可以在应用程序中根据需要存储不同类型的数据。

Android为开发者封装了大量的API以进行数据操作，对轻量级数据的读写可以使用SharedPreferences。如果想访问手机存储器上的数据，可以使用I/O流操作。另外，应用程序如果需要操作大量的数据，可以使用Android内置的SQLite数据库。本单元将依次介绍这些API的使用。

学习目标

知识目标

1. 掌握SharedPreferences、File存储、SQLite数据库的操作方法。
2. 了解3种存储方式的区别。

能力目标

1. 能够熟练使用3种存储方式持久化应用程序的数据。
2. 能够根据不同的数据存储需求选择对应的存储方式。

素质目标

1. 培养学生获取、处理和传播信息的能力。
2. 培养学生的创造性思维。

思维导图

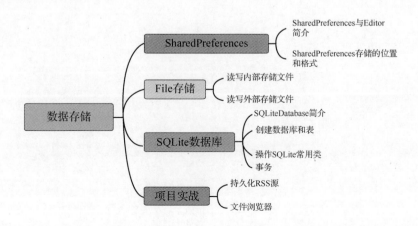

5.1 SharedPreferences

数据存储

SharedPreferences 用于保存应用程序中少量的数据，例如音乐播放器的播放模式是顺序播放还是随机播放，手机游戏是否打开音效与振动等，这些数据都可以使用 SharedPreferences 保存。

5.1.1 SharedPreferences 与 Editor 简介

SharedPreferences 提供了一个通用的框架，开发者可以以键值对的形式将数据持久化。值得注意的是，SharedPreferences 只能保存原始的数据类型变量：布尔型变量、浮点型变量、整型变量、长整型变量和字符串变量。要获取 SharedPreferences 对象，可以调用 Context 提供的 getSharedPreferences(String name, int mode)方法，该方法的第 1 个参数指定创建的 SharedPreferences 文件名，第 2 个参数可以取如下几个值。

（1）MODE_PRIVATE：SharedPreferences 的默认值，指定创建的文件只能由本应用程序访问。

（2）MODE_WORLD_READABLE：指定创建的文件可以被其他应用程序读取。

（3）MODE_WORLD_WRITEABLE：指定创建的文件可以被其他应用程序写入。

SharedPreferences 接口本身并没有写入数据的能力，这种能力是通过 Editor 对象实现的，可以通过调用 SharedPreferences 的 edit()方法获取 Editor 对象，Editor 对外提供了大量写入数据的方法，具体如表 5.1 所示。

表 5.1　Editor 提供的写入数据的方法

方法	说明
clear()	清除 SharedPreferences 文件中所有的数据
commit()	Editor 完成编辑后，调用该方法提交修改
putBoolean(String key, boolean value)	保存一个布尔型变量
putFloat(String key, float value)	保存一个浮点型变量
putInt(String key, int value)	保存一个整型变量
putLong(String key, long value)	保存一个长整型变量
putString(String key, String value)	保存一个字符串变量
remove(String key)	从 SharedPreferences 文件中移除键对应的值

5.1.2 SharedPreferences 存储的位置和格式

下面我们通过一个任务说明一下 SharedPreferences 的使用方法。

任务 5.1　使用 SharedPreferences 读写数据

本任务在界面上定义了两个按钮，单击其中一个按钮，向 SharedPreferences 中写入一个随机值；单击另外一个按钮，在界面上显示刚才写入的数值，运行结果如图 5.1 所示。

图 5.1 使用 SharedPreferences 读写数据

- 任务代码

MainActivity 代码：

```
public class MainActivity extends Activity {
    private SharedPreferences mPreferences;      //定义一个 SharedPreferences 对象
    @Override
    protected void onCreate(Bundle savedInstanceState) {
        super.onCreate(savedInstanceState);
        setContentView(R.layout.activity_main);
        init();
    }
    private void init()
    {
    //调用 getSharedPreferences()方法获取 SharedPreferences 的具体实例
        mPreferences = getSharedPreferences("demosharepreferences", MODE_PRIVATE);
        Button btnWrite = (Button)findViewById(R.id.btn_write);  //获取 "write" 按钮
        Button btnRead = (Button)findViewById(R.id.btn_read);    //获取 "read" 按钮
        final TextView txtInfo = (TextView)findViewById(R.id.txt_info);
        btnWrite.setOnClickListener(new View.OnClickListener() {
            public void onClick(View v) {
                SharedPreferences.Editor editor = mPreferences.edit();
                //获取 Editor 对象
                int value = new Random().nextInt(1000);      //生成一个随机数
                editor.putInt("random", value); //将随机数写入 SharedPreferences 中
                editor.commit();       //提交 Editor 所做的修改
            }
        });
        btnRead.setOnClickListener(new View.OnClickListener() {
            @Override
            public void onClick(View v) {
                int value = mPreferences.getInt("random", 0);
                //调用 get×××()方法获取指定键对应的数值
                txtInfo.setText("The number is: " + value);      //显示读取到的数值
            }
```

```
    });
  }
}
```

本任务首先调用 getSharedPreferences()方法获取了一个 SharedPreferences 对象，然后调用 edit()方法获取 Editor 对象，将生成的随机数保存到 SharedPreferences 中。在读取的时候，调用 getXXX()方法获取指定键对应的数值。

调用 getSharedPreferences()方法不仅会返回一个 SharedPreferences 对象，还会创建一个文件用于保存数据，该文件存储在设备的"/data/data/应用包名/shared_prefs"路径下，打开 Android Studio 的 DDMS 窗口就可以看到，如图 5.2 所示，demoshareprefeces.xml 即创建的 SharedPreferences 文件。

图 5.2　SharedPreferences 文件保存的位置

将该文件保存到计算机上，使用记事本打开，可以看到该文件的内容如图 5.3 所示，内容以键值对的形式保存。

```
1  <?xml version='1.0' encoding='utf-8' standalone='yes' ?>
2  <map>
3  <int name="random" value="765" />
4  </map>
```

图 5.3　SharedPreferences 文件的内容

5.2　File 存储

Android 中的文件存储支持使用 Java 原生的 File 类和一些文件流进行访问，但是 Android 的存储规则和其他系统的有所不同，它分为内部存储和外部存储。内部存储位于系统中一个特定的位置，写入其中的文件不能在应用之间共享，当应用程序被卸载后，处于内部存储中的对应文件也被删除。外部存储的路径可以通过 Android 提供的接口获取。本节我们将介绍如何通过 File 类和相关的操作类读写 Android 的内部存储文件和外部存储文件。

5.2.1　读写内部存储文件

在开发中，可以将某应用程序的文件直接保存在设备的内部存储空间中。默认地，保存在内部存储空间中的文件是私有的，其他程序没有权限访问该文件。当该应用程序被卸载时，这些内部存储的文件也会被移除。内部存储的文件通过 I/O 流实现读写。Android 提供了以下两个方法获取输入流和输出流。

（1）FileInputStream openFileInput(String name)：获取内部存储中 name 文件对应的输入流。

（2）FileOutputStream openFileOutput(String name, int mode)：获取内部存储中 name 文件对应的输出流，mode 指定了打开文件的模式，可以取如下值。

- MODE_PRIVATE：该文件只能被当前程序读写。
- MODE_APPEND：以追加的方式打开文件。

下面我们通过一个任务说明读写内部存储文件的方法。

任务 5.2　使用内部存储

本任务功能与任务 5.1 的功能类似，只不过将数据的读写方式由使用 SharedPreferences 改为使用内部存储。读写内部存储文件的运行结果如图 5.4 所示。内部存储的文件存储在"/data/data/应用包名/files"路径下，如图 5.5 所示。

图 5.4　读写内部存储文件的运行结果

图 5.5　内部存储保存文件的位置

- **任务代码**

MainActivity 代码：

```java
public class MainActivity extends Activity {
    private final String FILE_NAME = "hello";   //将文件名定义为常量
    protected void onCreate(Bundle savedInstanceState) {
        super.onCreate(savedInstanceState);
        setContentView(R.layout.activity_main);
        init();
    }
    private void init()
    {
    Button btnWrite = (Button)findViewById(R.id.btn_write);
    Button btnRead = (Button)findViewById(R.id.btn_read);
    final TextView txtInfo = (TextView)findViewById(R.id.txt_info);
    btnWrite.setOnClickListener(new View.OnClickListener() {
        @Override
        public void onClick(View v) {
            int value = new Random().nextInt(1000);     //生成一个随机值
            write(value);     //调用 write()方法将随机值写入内部存储中
        }
    });
    btnRead.setOnClickListener(new View.OnClickListener() {
```

```
        @Override
        public void onClick(View v) {
            int value = read();        //调用 read()方法从内部存储中读取随机值
            txtInfo.setText("The number is: " + value);        //显示
        }
    });
}
private void write(int value)
{
    try
    {
      //获取输出流
      FileOutputStream fos = openFileOutput(FILE_NAME, MODE_PRIVATE);
      fos.write(String.valueOf(value).getBytes());        //将数值写入文件中
      fos.close();        //关闭流
    } catch (Exception e) {
        e.printStackTrace();
    }
}
private int read()
{
    try {
        FileInputStream fis = openFileInput(FILE_NAME);        //获取输入流
        DataInputStream dis = new DataInputStream(fis);
        int value = dis.readInt();        //读取数值
        dis.close();        //关闭流
        fis.close();
        return value;
    } catch (Exception e) {
        e.printStackTrace();
        return 0;
    }
}
}
```

5.2.2 读写外部存储文件

一般情况下，手机的内部存储空间有限，如果需要读写大文件数据，Android 提供了相关访问外部存储的方法。读写外部存储文件需要在 AndroidManifest.xml 文件中配置权限，如下所示：

```
<manifest ...>
    <uses-permission android:name="android.permission.WRITE_EXTERNAL_STORAGE" />
    ...
</manifest>
```

读写外部存储文件的步骤一般如下。

（1）调用 Environment 的 getExternalStorageState()方法判断外部存储设备是否可用，如果外部存储设备可读写，则 Environment.getExternalStorageState().equals(Environment.MEDIA_MOUNTED)返回 true。

（2）调用 Environment 的 getExternalStorageDirectory()方法获取外部存储器的目录。

（3）使用 FileInputStream、FileOutputStream、FileWriter、FileReader 等流操作文件读写外部存储上的文件。

5.3 SQLite 数据库

在应用程序的开发过程中，如果需要存取的数据量比较大，可以考虑使用数据库。Android 系统集成了一个轻量级的数据库——SQLite。SQLite 不像 Oracle、SQL Server、MySQL 那样需要单独安装，它只是一个文件，操作比较简单，Android 提供了大量的 API 以支持 SQLite 读写数据。

5.3.1 SQLiteDatabase 简介

SQLiteDatabase 代表 Android 系统中一个数据库，应用程序获取指定数据库的 SQLiteDatabase 对象之后，可以调用一系列的方法操作数据库。表 5.2 列出了 SQLiteDatabase 类中一些常用的方法。

表 5.2 SQLiteDatabase 类中一些常用的方法

方法	说明
openDatabase(String path, SQLiteDatabase. CursorFactory factory, int flags)	打开 path 文件代表的 SQLite 数据库
openOrCreateDatabase(String path, SQLiteDatabase.CursorFactory factory)	打开 path 文件代表的 SQLite 数据库，如果不存在，则创建
execSQL(String sql)	执行 SQL（Structure Query Language，结构查询语言）语句
execSQL(String sql, Object[] bindArgs)	执行带占位符的 SQL 语句
insert(String table, String nullColumnHack, ContentValues values)	向表中插入一条数据
delete(String table, String whereClause, String[] whereArgs)	删除表中指定的数据
update(String table, ContentValues values, String whereClause, String[] whereArgs)	更新表中指定的数据
query(String table, String[] columns, String selection, String[] selectionArgs, String groupBy, String having, String orderBy)	按一定条件查询表中的数据
query(String table, String[] columns, String selection, String[] selectionArgs, String groupBy, String having, String orderBy, String limit)	按一定条件查询表中的数据，并且控制查询的个数。多用于分页
rawQuery(String sql, String[] selectionArgs)	执行带占位符的查询语句
beginTransaction()	开始一个事务
setTransactionSuccessful()	设置当前的事务为成功
endTransaction()	结束一个事务

5.3.2　创建数据库和表

5.3.1 小节介绍了 SQLiteDatabase 的作用，并提供了相关的方法以获取 SQLiteDatabase 对象，但是在实际使用过程中，通常要通过 SQLiteOpenHelper 类获取 SQLiteDatabase 对象。下面我们通过一个具体实例看一下数据库和表的创建。

任务 5.3　创建表，存储学生的考试成绩

本任务创建一个学生成绩表，它用于存储学生的考试成绩，其中的字段包括学号、姓名、性别、考试成绩。

- **任务代码**

DBHelper 代码:

```java
public class DBHelper extends SQLiteOpenHelper {
    private static final int DB_VERSION = 1;       //数据库版本号
    private static final String DB_NAME = "student.db";       //数据库名称
    private static final String TABLE_NAME = "score";       //创建的表的名称
    public DBHelper(Context context)       //接收 Context 参数的构造方法
    {
        super(context, DB_NAME, null, DB_VERSION);       //调用父类构造方法创建数据库
    }
    public void onCreate(SQLiteDatabase db) { //数据库第一次被创建时会回调 onCreate()
        String sql = "create table if not exists " + TABLE_NAME + " (stuNo text
primary key,
    stuName text, stuSex text, stuScore integer)";       //创建表的语句
        db.execSQL(sql);       //执行创建表的 SQL 语句
    }
    @Override
    public void onUpgrade(SQLiteDatabase db, int oldVersion, int newVersion) {
    }
}
```

本任务定义了一个 DBHelper 类，它继承自 SQLiteOpenHelper，调用父类的构造方法 super(context, DB_NAME, null, DB_VERSION)会自动创建名为 DB_NAME 的数据库，数据库第一次被创建时会回调 onCreate()方法，可以在其中执行创建表的操作，创建的数据库存储在 "/data/data/应用包名/databases" 路径下，如图 5.6 所示。

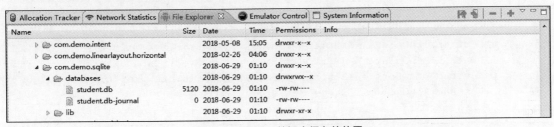

图 5.6　SQLite 数据库保存的位置

5.3.3　操作 SQLite 常用类

数据的读写一般涉及增、删、改、查这 4 个操作，下面我们通过一个实例看一下如何对 SQLite

数据库进行访问。

任务 5.4 访问 SQLite 数据库，修改学生成绩表

本任务在界面上定义 4 个按钮，它们分别用于触发增加数据、删除数据、修改更新数据、查询数据的操作，运行结果如图 5.7 所示。

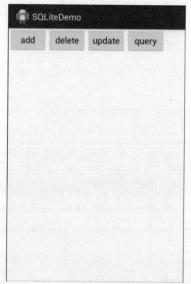

图 5.7 触发访问数据库操作的 4 个按钮

- **任务代码**

MainActivity 代码：

```java
public class MainActivity extends Activity implements OnClickListener {
    private DBMgr mDBMgr = null;  //用于封装对 SQLite 数据库的访问操作
    protected void onCreate(Bundle savedInstanceState) {
        super.onCreate(savedInstanceState);
        setContentView(R.layout.activity_main);
        init();
    }
    private void init()
    {
        mDBMgr = new DBMgr(this);  //初始化

        Button btnAdd = (Button)findViewById(R.id.btn_add);  //定义 4 个按钮
        Button btnDelete = (Button)findViewById(R.id.btn_delete);
        Button btnUpdate = (Button)findViewById(R.id.btn_update);
        Button btnQuery = (Button)findViewById(R.id.btn_query);
        btnAdd.setOnClickListener(this);
        btnDelete.setOnClickListener(this);
        btnUpdate.setOnClickListener(this);
        btnQuery.setOnClickListener(this);
    }
    public void onClick(View v) {
        switch(v.getId())
```

```
        {
            case R.id.btn_add:  //增加数据
            {
                Student stu1 = new Student("201701", "aaa", "男", 95);
                Student stu2 = new Student("201702", "aaa", "女", 99);
                Student stu3 = new Student("201703", "aaa", "男", 97);
                List<Student> list = new ArrayList<Student>();
                list.add(stu1);
                list.add(stu2);
                list.add(stu3);
                mDBMgr.add(list);
                break;
            }
            case R.id.btn_delete: //删除数据
            {
                mDBMgr.delete("201703");
                break;
            }
            case R.id.btn_update:    //修改数据
            {
                mDBMgr.update("201701", 90);
                break;
            }
            case R.id.btn_query:  //查询数据
            {
                List<Student> list = mDBMgr.query();
                for(Student stu : list)
                {
                    Log.i("Student", stu.toString());
                }
                break;
            }
            default:
                break;
        }
    }
    protected void onDestroy()
    {
        mDBMgr.finish();     //资源回收工作
        super.onDestroy();
    }
}
```

具体访问数据库的操作封装在了 DBMgr 类中，DBMgr 类的代码具体如下。
DBMgr 代码:

```
public class DBMgr {
    private SQLiteDatabase mDB = null;    //定义一个 SQLiteDatabase 对象
    /**
     * 构造函数，做一些初始化工作
```

```
    * @param context
    */
   public DBMgr(Context context)
   {
       DBHelper helper = new DBHelper(context);
       mDB = helper.getWritableDatabase();        //获取一个SQLiteDatabase类的实例
   }
   /**
    * 关闭数据库操作
    */
   public void finish()
   {
       if(null != mDB)
       {
           mDB.close();
           mDB = null;
       }
   }
   /**
    * 向数据库中添加数据
    * @param students
    */
   public void add(List<Student> students)
   {
       if(null == students || students.isEmpty())
       {
           return;
       }
       for(Student stu : students)
       {
       ContentValues values = new ContentValues();
       values.put("stuNo", stu.getStuNo());
       values.put("stuName", stu.getStuName());
       values.put("stuSex", stu.getStuSex());
       values.put("stuScore", stu.getStuScore());
       mDB.insert("score", null, values);        //执行添加操作
       }
   }
   /**
    * 删除指定学号的学生信息
    * @param stuNo 学生学号
    */
   public void delete(String stuNo)
   {
       mDB.delete("score", "stuNo=?", new String[]{stuNo});
   }
   /**
    * 更新指定学号的学生考试成绩
    * @param stuNo 学生学号
```

```
 * @param score 学生考试成绩
 */
public void update(String stuNo, int score)
{
    String sql = "update score set stuScore=" + score + " where stuNo=" + stuNo;
    mDB.execSQL(sql);
}
/**
 * 查询所有学生信息
 * @return 返回查询结果
 */
public List<Student> query()
{
    List<Student> list = new ArrayList<Student>();
    //执行查询语句
    Cursor cursor = mDB.query("score", null, null, null, null, null, null);
    while(cursor.moveToNext())        //遍历查询结果
    {
        Student stu = new Student();
        stu.setStuNo(cursor.getString(cursor.getColumnIndex("stuNo")));
        stu.setStuName(cursor.getString(cursor.getColumnIndex("stuName")));
        stu.setStuSex(cursor.getString(cursor.getColumnIndex("stuSex")));
        stu.setStuScore(cursor.getInt(cursor.getColumnIndex("stuScore")));
        list.add(stu);
    }
    return list;
}
}
```

在 DBMgr 类的构造函数中，调用 SQLiteOpenHelper 类的 getWritableDatabase()方法获取了一个 SQLiteDatabase 类的实例，用于操作数据库。

1. 查询操作

调用表 5.2 所示的 query(String table, String[] columns, String selection, String[] selectionArgs, String groupBy, String having, String orderBy)方法，这里需要查询所有数据，所以除了第一个参数传入表的名称之外，其他参数均传入 null。查询结果是一个 Cursor 对象，Cursor 类似于一个集合，可以遍历取出其中的数据。

2. 添加操作

调用表 5.2 所示的 insert(String table, String nullColumnHack, ContentValues values)方法，数据以键值对的形式保存在 ContentValues 对象中，然后被插入表中，插入数据后的查询结果如图 5.8 所示。

```
2024-04-06 21:49:44.281 1814-1814/com.demo.playground I/Student: stuNo: 202401; stuName: aaa; stuSex:男; stuScore: 95
2024-04-06 21:49:44.281 1814-1814/com.demo.playground I/Student: stuNo: 202402; stuName: aaa; stuSex:女; stuScore: 99
2024-04-06 21:49:44.281 1814-1814/com.demo.playground I/Student: stuNo: 202403; stuName: aaa; stuSex:男; stuScore: 97
```

图 5.8 SQLite 插入数据后的查询结果

3. 修改操作

调用表 5.2 所示的 update(String table, ContentValues values, String whereClause,

119

String[ ] whereArgs)方法，更新表中指定的数据，更新数据后的结果如图 5.9 所示，将学号为 202401 的学生的考试成绩改为了 90 分。

```
2024-04-06 21:52:43.071 1814-1814/com.demo.playground I/Student: stuNo: 202401; stuName: aaa; stuSex:男; stuScore: 90
2024-04-06 21:52:43.071 1814-1814/com.demo.playground I/Student: stuNo: 202402; stuName: aaa; stuSex:女; stuScore: 99
2024-04-06 21:52:43.071 1814-1814/com.demo.playground I/Student: stuNo: 202403; stuName: aaa; stuSex:男; stuScore: 97
```

图 5.9　SQLite 更新数据后的结果

4．删除操作

调用表 5.2 所示的 delete(String table, String whereClause, String[ ] whereArgs)方法，将学号为 202403 的学生的数据删除，删除数据后的结果如图 5.10 所示。

```
2024-04-06 21:53:26.552 1814-1814/com.demo.playground I/Student: stuNo: 202401; stuName: aaa; stuSex:男; stuScore: 90
2024-04-06 21:53:26.552 1814-1814/com.demo.playground I/Student: stuNo: 202402; stuName: aaa; stuSex:女; stuScore: 99
```

图 5.10　SQLite 删除数据后的结果

5.3.4　事务

在数据库中，事务是指一系列操作的集合，这些操作要么全部成功执行，要么全部不执行。一个典型的例子是银行的转账工作，它包含两个操作：（1）从一个账户扣款；（2）另一个账户增加相应的金额。很明显，这两个操作必须全部成功执行或者全部不执行。SQLite 数据库对事务的概念也做了相应的支持，在操作的开始调用 beginTransaction()开启一个事务，当一系列的操作完成后，调用 setTransactionSuccessful()函数将事务设置为成功，最后调用 endTransaction()结束一个事务。任务 5.4 中添加 3 条学生信息的操作可以使用事务来完成，代码如下：

```java
/**
 * 向数据库中添加数据
 * @param students
 */
public void add(List<Student> students)
{
    if(null == students || students.isEmpty())
    {
        return;
    }
    mDB.beginTransaction(); //开始一个事务
    for(Student stu : students)
    {
        ContentValues values = new ContentValues();
        values.put("stuNo", stu.getStuNo());
        values.put("stuName", stu.getStuName());
        values.put("stuSex", stu.getStuSex());
        values.put("stuScore", stu.getStuScore());
        mDB.insert("score", null, values);    //执行添加操作
    }
    mDB.setTransactionSuccessful();    //操作完成之后将事务设置为成功
    mDB.endTransaction();        //结束一个事务
}
```

5.4 项目实战

项目 5.1 持久化 RSS 源

在第 2 单元的项目实战中，我们将添加的 RSS 源存储在内存中，在应用退出之后，RSS 源将不会被存储。本单元使用 RSS 源的管理类 RSSSourceRepository，将 RSS 源信息持久化在 SQLite 数据库中。

（1）首先定义一个 SQLiteHelper 类，它继承自 SQLiteOpenHelper，用于创建对应的数据库和数据表。

SQLiteHelper 代码：

```
public class SQLiteHelper extends SQLiteOpenHelper {

    private static final int DB_VERSION = 1;
    private static final String DB_NAME = "rss.db"; //数据库名
    private static final String TABLE_NAME = "source"; //数据表名

    public SQLiteHelper(Context context) {
        super(context, DB_NAME, null, DB_VERSION);
    }

    @Override
    public void onCreate(SQLiteDatabase sqLiteDatabase) {
        String sql = "CREATE TABLE IF NOT EXISTS " + TABLE_NAME + " (\n" +
                "id INTEGER PRIMARY KEY AUTOINCREMENT,\n" +
                "name text,\n" +
                "url text,\n" +
                "create_time text)";
        sqLiteDatabase.execSQL(sql);
    }

    @Override
    public void onUpgrade(SQLiteDatabase sqLiteDatabase, int i, int i1) {

    }

}
```

（2）接着，创建一个 PersistMgr 类用于访问数据库并对其中的数据做增加、删除和查询操作，具体如下：

PersistMgr 代码：

```
public class PersistMgr {

    private SimpleDateFormat df;
    private SQLiteDatabase mDB = null;

    public PersistMgr(Context context) {
        SQLiteHelper helper = new SQLiteHelper(context);
        mDB = helper.getWritableDatabase();
```

```
            df = new SimpleDateFormat("yyyy-MM-dd HH:mm:ss");
        }

    public void finish() {
        if (null != mDB) {
            mDB.close();
            mDB = null;
        }
    }

    public void addRSSSource(RSSSource source) {
        if (null == source) {
            return;
        }
        ContentValues val = new ContentValues();
        val.put("name", source.getName());
        val.put("url", source.getUrl());
        val.put("create_time", df.format(new Date()));
        mDB.insert("source", null, val);
    }

    public void delete(String url) {
        mDB.delete("source", "url=?", new String[]{url});
    }

    public List<RSSSource> query() {
        List<RSSSource> result = new ArrayList<>();
        try (Cursor cursor = mDB.query("source", null, null, null, null, null,
null, null)) {
            while (cursor.moveToNext()) {
                RSSSource source = new RSSSource(cursor.getString(cursor.
getColumnIndex("name")), cursor.getString(cursor.getColumnIndex("url")));
                result.add(source);
            }
        }
        return result;
    }
}
```

（3）最后，改写 RSSSourceRepository 类，调用 PersistMgr 类的方法，将对 RSS 源的
操作持久化到 SQLite 数据库中，在应用退出并重新启动后，仍然可以读取之前保存的 RSS 源
信息。

RSSSourceRepository 代码：

```
public class RSSSourceRepository {

    private List<RSSSource> sources;
    private PersistMgr persistMgr;

    private IRSSSourceChangeCallback callback;
```

```
    public RSSSourceRepository() {
        this.sources = new ArrayList<>();
    }

    public void setContext(Context context) {
        this.persistMgr = new PersistMgr(context);
    }

    public void setCallback(IRSSSourceChangeCallback callback) {
        this.callback = callback;
    }

    public List<RSSSource> getSources() {
        this.sources = this.persistMgr.query();
        return sources;
    }

    public void addSources(String sourceName, String sourceUrl) {
        persistMgr.addRSSSource(new RSSSource(sourceName, sourceUrl));
    }

    public void removeSourceByUrl(String sourceUrl) {
        Iterator<RSSSource> iterator = this.sources.iterator();
        while (iterator.hasNext()) {
            if (sourceUrl.equalsIgnoreCase(iterator.next().getUrl())) {
                iterator.remove();
                this.callback.onChanged();
                break;
            }
        }
        this.persistMgr.delete(sourceUrl);
    }

    public void finish() {
        this.persistMgr.finish();
    }
}
```

项目 5.2   文件浏览器

下面通过另外一个项目来具体介绍对 Android 系统中的文件的访问。本项目实现了一个文件浏览器。刚进入应用的时候，会以列表的形式排序展示系统中存储的文件，排序规则为：文件夹在前面，文件在后面，如果同为文件夹或文件，则按字母表中的字母顺序排列，如图 5.11 所示。文件夹和文件显示不同的图标，单击文件夹，可以进入下级目录（见图 5.12）并看到其内容。应用顶部显示当前所在目录。

首页首先获取系统外部存储的根目录，然后通过 ListView 控件列表展示。当单击某个文件夹时，获取单击文件夹的文件路径，通过 listFiles() 方法获取该路径下的子文件，并根据自定义的比较器对结果进行排序，然后更新 ListView 的数据，更新显示内容，具体代码如下。

图 5.11 文件列表

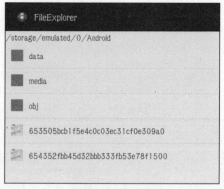

图 5.12 下级目录

MainActivity 代码：

```
public class MainActivity extends Activity {
    private ListViewAdapter mAdpter;
    private TextView mTitle;
    private FileMgr fileMgr;

    @Override
    protected void onCreate(Bundle savedInstanceState) {
        super.onCreate(savedInstanceState);
        setContentView(R.layout.activity_main);
        //用于显示当前文件的路径
        mTitle = (TextView)findViewById(R.id.txt_view);
        //获取 ListView 控件
        ListView ListView = (ListView)findViewById(R.id.list_view);
        //自定义 Adapter
        mAdpter = new ListViewAdapter(this);
        init();
        ListView.setAdapter(mAdpter);
        ListView.setOnItemClickListener(new OnItemClickListener(){
            public void onItemClick(AdapterView<?> parent, View view, int pos,
                    long id) {
                //获取当前选择的文件
                File file = mAdpter.getItem(pos);
                //更新显示下级目录
                change(file);
            }
        });
    }
```

```java
    private void init()
    {
        fileMgr = new FileMgr();
        //判断外部存储是否可用
        if(!Environment.getExternalStorageState().equals(Environment.MEDIA_
MOUNTED))
        {
            Toast.makeText(this,  "the  external  storage  is  not  available",
Toast.LENGTH_SHORT).show();
            return;
        }
        File rootFile = Environment.getExternalStorageDirectory();
        mTitle.setText(rootFile.getAbsolutePath());
        //获取当前目录的子文件列表
        List<File> files = fileMgr.getSubFiles(rootFile);
        mAdpter.updateFiles(files);
    }
    private void change(File file)
    {
        if(!file.isDirectory())      //如果不是文件夹，直接返回
        {
            return;
        }
        //更新路径的显示
        mTitle.setText(file.getAbsolutePath());
        //获取新的文件列表
        List<File> files = fileMgr.getSubFiles(file);
        //更新文件和视图显示
        mAdpter.updateFiles(files);
        mAdpter.notifyDataSetChanged();
    }
}
```

在 MainActivity 中，首先根据 Environment.getExternalStorageState()方法判断外部存储是否可用，如果可用，获取外部存储的根目录，然后调用文件管理类 FileMgr 的方法获取子文件列表，将文件列表设置到 ListView 自定义的 Adapter 中。在 onCreate()方法中，对 ListView 的元素设置了单击的监听事件，当元素被单击后，获取对应的文件对象。如果该文件属于文件夹，则获取子目录，并调用 Adapter 的 notifyDataSetChanged()方法更新文件并显示视图。其中自定义 Adapter 和文件管理类的代码如下。

ListViewAdapter 代码：

```java
public class ListViewAdapter extends BaseAdapter{

    private LayoutInflater flater;

    private List<File> mDatas;

    public ListViewAdapter(Context context)
    {
```

```
        flater = LayoutInflater.from(context);
        mDatas = new ArrayList<File>();
    }

    public void updateFiles(List<File> files)
    {
        mDatas.clear();
        mDatas.addAll(files);
    }

    public int getCount() {
        return (null == mDatas || mDatas.isEmpty()) ? 0 : mDatas.size();
    }

    @Override
    public File getItem(int pos) {
        if(null != mDatas && pos < mDatas.size())
        {
            return mDatas.get(pos);
        }
        return null;
    }

    @Override
    public long getItemId(int position) {
        return 0;
    }

    @Override
    public View getView(int position, View convertView, ViewGroup parent) {
        if(null == convertView)
        {
            //为每一个子项加载布局
            convertView = flater.inflate(R.layout.view_list_item, null);
        }
        //获取子项布局文件中的控件
        ImageView imgView = (ImageView)convertView.findViewById(R.id.view_img);
        TextView txtTitle = (TextView)convertView.findViewById(R.id.view_title);

        File file = getItem(position);      //根据 position 获取数据
        if(null != file)
        {
            imgView.setImageResource(file.isDirectory() ? R.drawable.folder :
R.drawable.file);
            txtTitle.setText(file.getName());
        }
        return convertView;
    }
```

FileMgr 代码：

```
public class FileMgr {
```

```
public List<File> getSubFiles(File file)
{
    File[] files = file.listFiles(new FilenameFilter(){
        @Override
        public boolean accept(File f, String name) {
            return !name.startsWith(".");
        }
    });
    System.out.println("files:" + (null == files));
    if(null != files)
    {
        System.out.println("file mgr length:" + files.length);
    }
    List<File> result = Arrays.asList(files);
    Collections.sort(result, new CustomFileComparator());
    return result;
}
}
```

在 FileMgr 中，调用 File 原生的 listFiles()方法获取文件的子文件集合，只不过通过文件名对隐藏文件做了过滤。在返回结果之前，使用自定义 Comparator 对文件集合进行了排序，自定义 Comparator 的代码如下。

```
public class CustomFileComparator implements Comparator {

    @Override
    public int compare(Object o1, Object o2) {
        File file1 = (File)o1;
        File file2 = (File)o2;

        if(file1.isDirectory())
        {
            if(file2.isFile())
            {
            return -1;
            }
            return file1.getName().compareTo(file2.getName());
        }
        if(file2.isDirectory())
        {
            return 1;
        }
        return file1.getName().compareTo(file2.getName());
    }
}
```

5.5 单元小结

本单元我们主要介绍了 Android 中的数据存储，首先介绍了 Android 提供的一个通用框架 SharedPreferences，该框架使得开发者可以以键值对的形式将数据持久化。然后介绍了读取

Android 系统内部存储和外部存储文件的方式，可以调用系统提供的接口获取文件的 I/O 流。当数据量比较大而且是结构化的数据时，SQLite 数据库可能是一种比较好的选择。在本单元的最后，我们介绍了 SQLite 数据库的一些基础知识和如何操作 SQLite 数据。5.4 节项目实战分别通过两个任务演示了 SQLite 数据库和 File 存储的操作。

5.6 课后习题

1. 在 SharedPreferences 的方法中，调用（   ）方法可以得到一个 Editor 对象，然后通过这个 Editor 对象存储数据。

    A. getEditor()　　　　B. getEdit()　　　　C. editor()　　　　D. edit()

2. 读写 Android 的外部存储文件需要在 AndroidManifest.xml 文件中配置（   ）权限。

    A. android.permission.WRITE_STORAGE

    B. android.permission.WRITE_EXTERNAL_STORAGE

    C. android.permission.ACCESS_EXTERNAL_STORAGE

    D. android.permission.ACCESS_STORAGE

3. 大量的结构化数据可以存储在（   ）中。

    A. SharedPreferences　　　　　　　　B. Cursor

    C. SQLite 数据库　　　　　　　　　　D. 无法存储

4. 调用 Environment 的（   ）方法可以判断外部存储设备是否可用。

5. 调用 Environment 的（   ）方法可以获取外部存储器的目录。

6. 在 Android 中操作 SQLite 数据库需要 SQLiteDatabase 对象，通过（   ）类可以获取 SQLiteDatabase 对象。

7. SharedPreferences、File、SQLite 存储分别适用于什么场景？

8. File 内部存储和外部存储的区别？

9. 思考 SQLite 和我们已经掌握的数据库有什么异同。

第6单元
ContentProvider

06

情景引入

对于一个Android设备来说，系统可能会包含多个应用程序。有时候，不同的应用程序之间可能需要共享数据。例如手机的短信功能，在发信息的时候需要从通讯录中查找联系人，接收到陌生人短信的时候支持将陌生人的号码添加到通讯录中，这意味着短信应用和通讯录应用之间存在着数据共享。

为了在不同的应用程序之间实现这种数据共享，Android提供了ContentProvider接口。ContentProvider是Android的四大组件之一，当一个应用需要对外暴露自己的数据时，可以使用ContentProvider，其他应用可以通过ContentResovler访问ContentProvider提供的数据。Android系统已经为一些常见的数据提供了标准的ContentProvider，如联系人、视频、图片等。通过本单元的学习，读者可以掌握如何通过ContentProvider在系统内部实现数据共享。

本单元首先介绍如何通过ContentProvider使应用程序对外暴露自己的数据，然后说明如何通过ContentResovler使应用程序访问其他应用程序提供的数据，最后通过项目实战中的实例演示如何访问系统应用提供的联系人数据。

学习目标

知识目标
1. 掌握如何通过ContentProvider使应用程序对外暴露自己的数据。
2. 掌握如何通过ContentResovler使应用程序访问其他应用提供的数据。

能力目标
1. 可以通过ContentResovler使应用程序访问系统应用提供的联系人数据。
2. 可以通过ContentProvider使应用程序对外暴露自己的数据。

素质目标
1. 培养学生对规范的数据格式、代码格式的敏感性。
2. 培养学生自主探索的能力。

思维导图

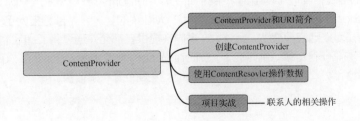

6.1 ContentProvider 和 URI 简介

　　无论数据的存储方式是什么，ContentProvider 以表的形式组织数据，并将其呈现给其他应用程序。例如 Android 系统内置的用户字典，它会存储用户想要保存的非标准字词的拼写，其数据的组织形式如表 6.1 所示。每一行表示一条数据记录，每一列表示数据的一个字段。

ContentProvider

表 6.1　用户字典的数据示例

单词	用户 ID	出现次数	语言区域	ID
MapReduce	user1	100	en_US	1
precompiler	user14	200	fr_FR	2
Applet	user2	225	fr_CA	3
const	user1	255	pt_BR	4
int	user5	100	en_UK	5

　　开发者如果想将自己的应用程序中的数据暴露给其他应用，必须继承 ContentProvider 基类实现数据的增、删、改、查。基类 ContentProvider 提供了相关的方法供子类实现，具体如表 6.2 所示。

表 6.2　ContentProvider 提供的方法

方法	说明
abstract boolean onCreate()	其他应用程序第一次访问 ContentProvider 时会回调该方法，可以在其中做一些初始化操作
abstract Uri insert(Uri uri, ContentValues values)	子类实现该方法以处理插入请求
abstract int delete(Uri uri, String selection, String[] selectionArgs)	子类实现该方法以处理删除请求
abstract int update(Uri uri, ContentValues values, String selection, String[] selectionArgs)	子类实现该方法以处理更新请求
abstract Cursor query(Uri uri, String[] projection, String selection, String[] selectionArgs, String sortOrder)	子类实现该方法以处理查询请求
abstract String getType(Uri uri)	获取数据的 MIME 类型

　　每个应用程序都可以实现访问 ContentProvider 以对外暴露数据的功能，那其他应用程序该访问哪个 ContentProvider 呢？例如，短信应用想要读取通讯录中的联系人数据，怎样才能知道哪个是通讯录提供的 ContentProvider 呢？其实从表 6.2 所示的方法中可以看出，ContentProvider 是通过 URI 来标识自己的。Android 中 URI 的形式一般如下：content://authority/×××。其中 content://是固定的格式，类似于网络请求中的 http://。authority 唯一标识了一个 ContentProvider，系统就是根据 authority 部分找到对应的 ContentProvider 的。×××部分指向了 ContentProvider 中的数据，这部分是可以动态改变的。另外，许多内容提供者都允许通过将 ID 值追加到 URI 的末尾来准确访问数据表中的某一行记录，例如对于 content://user_dictionary/words/4，user_dictionary 就是 URI 的 authority 部分，words/4 表示访问 words 数据的第 4 条记录。

6.2 创建 ContentProvider

一般在开发过程中，很少需要实现自定义的 ContentProvider，因为很少有应用程序需要对外暴露自己的数据。但是，了解 ContentProvider 的创建过程可以帮助我们更好地理解如何使用 ContentResovler 访问系统已经提供的 ContentProvider。实现自定义的 ContentProvider 有以下几个步骤。

（1）定义一个名为 CONTENT_URI 的 URI 对象，用作该 ContentProvider 的标识。

（2）定义一个类，它继承自 ContentProvider 类，并实现父类的 onCreate()、insert()、delete()、update()、query()和 getType()方法。

（3）在 AndroidManifest.xml 中配置该 ContentProvider。

下面我们通过一个任务具体说明 ContentProvider 的创建过程。

任务 6.1 创建 ContentProvider，对外提供学生信息

本任务程序对外提供学生信息，包括学生的学号、姓名、年龄。

- **任务代码**

（1）创建一个工具类用于保存 ContentProvider 需要用到的常量，示例代码如下：

```java
public class Constants implements BaseColumns {
    //URI 的 authority 部分
    public static final String AUTHORITY = "com.demo.student.provider";
    //ContentProvider 的 CONTENT_URI
    public static final Uri CONTENT_URI = Uri.parse("content://" + AUTHORITY +
"/students");
    //定义数据的 MIME 类型（多行数据）
    public static final String DATA_TYPE = "vnd.android.cursor.dir/vnd.com.
demo.provider.student";
    //定义数据的 MIME 类型（单行数据）
    public static final String DATA_TYPE_ITEM = "vnd.android.cursor.item/
vnd.com.demo.provider.student";
    //数据表的字段
    public static final String _ID = "_id";
    public static final String SNO = "sno";
    public static final String SNAME = "sname";
    public static final String SAGE = "sage";
}
```

Constants 类定义了一些 ContentProvider 需要用到的常量，首先定义了一个 URI 类型的变量 CONTENT_URI，用于标识当前的 ContentProvider。然后定义了两个 String 类型的变量 DATA_TYPE 和 DATA_TYPE_ITEM，用于标识 ContentProvider 数据的 MIME 类型，其中 DATA_TYPE 代表多行数据的类型，DATA_TYPE_ITEM 代表单行数据的类型，"vnd.android.cursor.dir"和"vnd.android.cursor.item"为固定写法。最后，定义了数据表的若干字段，其中_ID 是必需的，用于唯一标识一条数据记录。

（2）实现一个类，它继承自 ContentProvider 类，其中数据的存储方式可以有多种，示例代码采用 SQLite 进行数据的存取，具体如下：

```java
public class CustomProvider extends ContentProvider {
    private static final UriMatcher matcher = new UriMatcher(UriMatcher.NO_MATCH);
```

131

```java
    private static final int STUDENT_ALL = 0;
    private static final int STUDENT_ITEM = 1;
    private DBOpenHelper mDBHelper;
    static
    {
        matcher.addURI(Constants.AUTHORITY, "students", STUDENT_ALL);
        matcher.addURI(Constants.AUTHORITY, "students/#", STUDENT_ITEM);
    }
    @Override
    public boolean onCreate() {
        mDBHelper = new DBOpenHelper(getContext(), "students.db", 1);
        return true;
    }


    @Override
    public int delete(Uri uri, String selection, String[] selectionArgs) {
        SQLiteDatabase db = mDBHelper.getWritableDatabase();
        int num = 0;
        switch(matcher.match(uri))    //解析 URI
        {
        case STUDENT_ALL:    //删除多条记录
        {
            num = db.delete("student", selection, selectionArgs);
            break;
        }
        case STUDENT_ITEM:    //删除单条记录
        {
            long id = ContentUris.parseId(uri);    //解析 URI 中的 ID
            String str = Constants._ID + "=" + id;    //根据 ID 组成查询条件
            if(!TextUtils.isEmpty(selection))
            {
                //加上传递过来的查询条件
                selection = selection + " and " + str;
            }
            num = db.delete("student", selection, selectionArgs);
            break;
        }
        default:
            num = 0;
            break;
        }
        //通知数据发生改变
        getContext().getContentResolver().notifyChange(uri, null);
        return num;
    }

    @Override
    public Uri insert(Uri uri, ContentValues values) {
```

```java
        SQLiteDatabase db = mDBHelper.getWritableDatabase();
        //向数据库中插入一条数据
        long rowId = db.insert("student", Constants._ID, values);
        if(rowId > 0)      //如果插入成功
        {
            //向数据表的 URI 追加新行的 ID 值
            Uri newRowUri = ContentUris.withAppendedId(uri, rowId);
            //通知数据发生改变
            getContext().getContentResolver().notifyChange(newRowUri, null);
            return newRowUri;       //返回新行数据的 URI
        }
        return null;
    }

    @Override
    public Cursor query(Uri uri, String[] projection, String selection,
            String[] selectionArgs, String sortOrder) {
        SQLiteDatabase db = mDBHelper.getReadableDatabase();
        switch(matcher.match(uri))     //解析 URI
        {
        case STUDENT_ALL:      //访问多条记录
        {
            return db.query("student", projection, selection, selectionArgs, null,
null, sortOrder);
        }
        case STUDENT_ITEM:       //访问单条记录
        {
            long id = ContentUris.parseId(uri);     //从 URI 中解析出 ID
            String str = Constants._ID + "=" + id;     //根据 ID 组成查询条件
            if(!TextUtils.isEmpty(selection))
            {
                //加上传递过来的查询条件
                selection = selection + " and " + str;
            }
            return db.query("student", projection, selection, selectionArgs, null,
null, sortOrder);
        }
        default:
            return null;
        }
    }

    @Override
    public int update(Uri uri, ContentValues values, String selection,
            String[] selectionArgs) {
        SQLiteDatabase db = mDBHelper.getWritableDatabase();
        int num = 0;
        switch(matcher.match(uri))      //解析 URI
```

```
        {
            case STUDENT_ALL:        //更新多条记录
            {
                num = db.update("student", values, selection, selectionArgs);
                break;
            }
            case STUDENT_ITEM:       //更新单条记录
            {
                long id = ContentUris.parseId(uri);     //解析 URI 中的 ID
                String str = Constants._ID + "=" + id;   //根据 ID 组成查询条件
                if(!TextUtils.isEmpty(selection))
                {
                    //加上传递过来的查询条件
                    selection = selection + " and " + str;
                }
                num = db.update("student", values, selection, selectionArgs);
                break;
            }
            default:
                num = 0;
                break;
        }
        //通知数据发生改变
        getContext().getContentResolver().notifyChange(uri, null);
        return num;
    }

    @Override
    public String getType(Uri uri) {
        switch (matcher.match(uri)) {
        case STUDENT_ALL:        //多行数据
            return Constants.DATA_TYPE;
        case STUDENT_ITEM:       //单行数据
            return Constants.DATA_TYPE_ITEM;
        default:
            return null;
        }
    }
}
```

在自定义的 ContentProvider 中有一个很重要的类 UriMatcher，它用来注册当前 Content-Provider 可以匹配的 URI。注册是指通过 addURI(String authority, String path, int code)将一个 URI 对象和一个标识码对应起来，例如任务中的 matcher.addURI(Constants.AUTHORITY, "students", STUDENT_ALL)就将"content://com.demo.student.provider/students"和标识码 0 对应起来。该类除了需要注册当前 ContentProvider 可以匹配的 URI，还需要重写父类的若干方法。其中，可以在 onCreate()方法中进行一些初始化的操作。insert()方法用来插入数据，这里直接向数据库中插入一条数据即可。delete()、update()、query()方法分别用来删除、更新、查询数据，其操作方式比较类似，即先调用 UriMatcher 的 match(Uri uri)方法判断 URI 的类型，如果是操作多条数据，直接调用数据库的相关方法；如果是操作单条数据，首先调用 ContentUris 的 parseId(uri)方法解析出需要操作的数据的 ID，然后组成查询条件操作指定行数的数据。getType() 方法用于返回指定 URI 对象的数据类型，根据是多行数据还是单行数据返回预先定义好的字符串。

（3）在 AndroidManifest.xml 中配置，具体如下：

```
<provider
        android:name="com.demo.contentprovider.CustomProvider"
        android:authorities="com.demo.student.provider"/>
```

6.3 使用 ContentResovler 操作数据

使用 ContentResovler 类可以访问别的应用程序通过 ContentProvider 提供的数据，ContentResovler 类常见的方法如表 6.3 所示。

表 6.3 ContentResovler 类常见的方法

方法	说明
insert(Uri url, ContentValues values)	向 URI 对应的 ContentProvider 中插入数据
delete(Uri url, String where, String[] selectionArgs)	删除数据
update(Uri uri, ContentValues values, String where, String[] selectionArgs)	更新数据
query(Uri uri, String[] projection, String selection, String[] selectionArgs, String sortOrder)	查询数据

Android 系统提供了很多标准的 ContentProvider 可以访问，如日历程序、联系人、照相机等，对应的 CONTENT_URI 存储在 android.provider 中。下面我们以访问联系人数据为例，说明 ContentResovler 的使用方法。

任务 6.2 使用 ContentResovler 添加、查询联系人

本任务在 Activity 中定义两个按钮，一个用于添加联系人，另一个用于查询联系人。

• 任务代码

Activity 代码：

```
public class MainActivity extends Activity implements OnClickListener{
    protected void onCreate(Bundle savedInstanceState) {
        super.onCreate(savedInstanceState);
        setContentView(R.layout.activity_main);
        Button btnAdd = (Button)findViewById(R.id.btn_add);    //获取按钮控件
        Button btnQuery = (Button)findViewById(R.id.btn_query);
        btnAdd.setOnClickListener(this);    //设置监听器
        btnQuery.setOnClickListener(this);
    }
    public void onClick(View v) {    //处理单击事件
        switch(v.getId())
        {
        case R.id.btn_add:    //添加数据
        {
```

135

```
            add();
            break;
        }
        case R.id.btn_query:      //查询数据
        {
            query();
            break;
        }
        default:
            break;
        }
    }
    private void add()
    {
    ContentValues values = new ContentValues();
    //先插入一条空数据，获取当前通讯录中的ID
    Uri rawContactUri = getContentResolver().insert(RawContacts.CONTENT_URI,
values);
    long rawContactId = ContentUris.parseId(rawContactUri);
    //添加联系人的姓名
    values.put(Data.MIMETYPE, StructuredName.CONTENT_ITEM_TYPE);
     //插入单条数据
    values.put(Data.RAW_CONTACT_ID, rawContactId);      //设置ID
    values.put(StructuredName.GIVEN_NAME, "zhangsan");      //设置姓名
    getContentResolver().insert(ContactsContract.Data.CONTENT_URI, values);
    //插入数据
    //添加联系人的电话号码
    values.put(Data.MIMETYPE, Phone.CONTENT_ITEM_TYPE);
    values.put(Data.RAW_CONTACT_ID, rawContactId);      //设置ID
    values.put(Phone.NUMBER, "12340678910");      //设置电话号码
    values.put(Phone.TYPE, Phone.TYPE_MOBILE);      //设置电话号码的类型
    getContentResolver().insert(ContactsContract.Data.CONTENT_URI,
values);
    }
    private void query()
    {
     Cursor cursor = getContentResolver().query(ContactsContract.Contacts.
CONTENT_URI, null, null, null, null);      //查询联系人的数据
    while(cursor.moveToNext())      //遍历
    {
        //获取数据的ID
        String id=cursor.getString(cursor.getColumnIndex(ContactsContract.
Contacts._ID));
        String      //获取联系人的姓名
    name=cursor.getString(cursor.getColumnIndex(ContactsContract.Contacts.DISPLAY_
NAME));
        Cursor      //根据ID查询联系人的电话号码
```

```
c=getContentResolver().query(ContactsContract.CommonDataKinds.Phone.CONTENT_
URI, null,
    ContactsContract.CommonDataKinds.Phone._ID +"=" + id, null, null);
            while(c.moveToNext())    //遍历取出联系人的电话号码
            {
                String phone=c.getString(c.getColumnIndex(ContactsContract.
CommonDataKinds.Phone.NUMBER));
                Log.i("contact", "name: " + name + "; phone: " + phone);
            }
        }
    }
}
```

只要根据对应数据的 URI，就可以调用 ContentResovler 类的增、删、改、查 4 种方法对数据进行相应的处理。ContentResovler 对象可以通过调用 getContentResolver()方法获得。

6.4 项目实战——联系人的相关操作

下面我们通过一个项目来了解一下 ContentResolver 的使用场景。本项目会访问系统中所有的联系人并将其用列表展示出来，如图 6.1 所示。长按联系人姓名会弹出菜单，利用其中的命令可执行相关操作，如图 6.2 所示。选择"删除"命令会删除当前联系人，选择"拨号"命令会拨打该号码。

项目实战

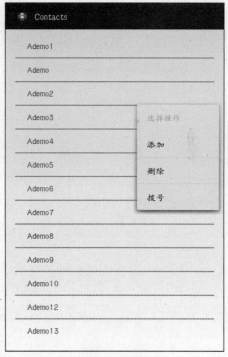

图 6.1 联系人列表   图 6.2 菜单

- 项目代码

MainActivity 代码：

```
public class MainActivity extends Activity {
```

```
    private ListViewAdapter mAdapter;
    @Override
    protected void onCreate(Bundle savedInstanceState) {
        super.onCreate(savedInstanceState);
        setContentView(R.layout.activity_main);
        mAdapter = new ListViewAdapter(this);
        init();
        ListView listView = (ListView)findViewById(R.id.list_view);
        listView.setAdapter(mAdapter);
        listView.setOnCreateContextMenuListener(new OnCreateContextMenuListener(){
            @Override
            public void onCreateContextMenu(ContextMenu menu, View v,
                    ContextMenuInfo menuInfo) {
                menu.setHeaderTitle("选择操作");
                menu.add(0, 0, 0, "添加");
                menu.add(0, 1, 0, "删除");
                menu.add(0, 2, 0, "拨号");
            }
        });
    }


    private void init()
    {
        List<Contact> contacts = new ArrayList<Contact>();
        Cursor cursor = getContentResolver().query(ContactsContract.Contacts.
CONTENT_URI, null, null, null, null);     //查询联系人的数据
        while(cursor.moveToNext())  //遍历
        {
            //获取数据的 ID
            String id = cursor.getString(cursor.getColumnIndex(ContactsContract.
Contacts._ID));
            //获取联系人的姓名
            String name = cursor.getString(cursor.getColumnIndex(ContactsContract.
    Contacts.DISPLAY_NAME));
            //根据 ID 查询联系人的电话号码
            Cursor c = getContentResolver().query(ContactsContract.CommonDataKinds.
    Phone.CONTENT_URI, null, ContactsContract.CommonDataKinds.Phone._ID +"=" + id,
null, null);
            List<String> phones = new ArrayList<String>();
            while(c.moveToNext())     //遍历取出联系人的电话号码
            {
                String phone=c.getString(c.getColumnIndex(ContactsContract.
    CommonDataKinds.Phone.NUMBER));
                phones.add(phone);
            }
            contacts.add(new Contact(id, name, phones));
        }
        mAdapter.updateContacts(contacts);
    }
```

```
@Override
public boolean onContextItemSelected(MenuItem item) {
    AdapterContextMenuInfo menuInfo = (AdapterContextMenuInfo) item.
getMenuInfo();
        //使用 info.id 得到 ListView 中选择的子项绑定的 ID
        int position = menuInfo.position;
        Contact contact = mAdapter.getItem(position);
        switch (item.getItemId()) {
        case 0:
            Toast.makeText(this, "add:" + contact.getContactName(), Toast.
LENGTH_SHORT).
    show();
            return true;
        case 1:
            deleteContact(contact);
            return true;
        case 2:
            Intent intent = new Intent(Intent.ACTION_CALL);
            Uri data = Uri.parse("tel:" + contact.getPhone().get(0));
            intent.setData(data);
            startActivity(intent);
            return true;
        default:
            return super.onContextItemSelected(item);
        }
    }

    private void deleteContact(Contact contact)
    {
        ContentResolver resolver = getContentResolver();
        //删除 Contacts 表中的数据联系人列表中指定 ID 的数据
        resolver.delete(ContactsContract.Contacts.CONTENT_URI, ContactsContract.
Contacts._ID + " =?", new String[]{String.valueOf(contact.getContactId())});
        //删除 RawContacts 表中的数据
        resolver.delete(ContactsContract.RawContacts.CONTENT_URI, ContactsContract.
RawContacts.CONTACT_ID + " =?", new String[]{String.valueOf(contact.getContactId())});
        //删除联系人的姓名
        resolver.delete(RawContacts.CONTENT_URI, "display_name=?", new String[]
    {contact.getContactName()});
    }
}
```

  在 MainActivity 的 init()方法中，程序根据 getContentResolver()获取系统的联系人的 ID、姓名和电话号码，并将其设置到 ListView 中以列表形式展示。同时通过 setOnCreateContext-MenuListener()方法为 ListView 关联上下文菜单，当在 ListView 的元素上长按时，会弹出上下文菜单。选择"添加"命令，会弹出 Toast 提示当前选择的联系人的姓名。选择"删除"命令，会根据 ID 删除联系人的电话号码，同时删除联系人的姓名。选择"拨号"命令时，会通过 Intent 调用 Intent.ACTION_CALL 的系统 action，从而实现拨号功能。

  该任务需要在 AndroidManifest.xml 文件中注册联系人访问权限和拨号权限，具体如下：

```
<uses-permission android:name="android.permission.GET_ACCOUNTS"/>
<uses-permission android:name="android.permission.READ_CONTACTS"/>
<uses-permission android:name="android.permission.WRITE_CONTACTS"/>
<uses-permission android:name="android.permission.CALL_PHONE" />
```

6.5　单元小结

ContentProvider 是 Android 的四大组件之一，它为系统内不同应用程序之间的数据共享提供了一种标准接口，一些应用程序可以通过这种标准接口将自己的数据暴露出去供其他应用访问。大部分情况下，应用程序都是使用其他应用程序暴露的接口共享数据的，但是为了更好地使用这些接口，本单元在开始的部分介绍了如何创建 ContentProvider，在结尾的部分介绍了如何通过 ContentResolver 使用其他应用程序和系统提供的数据。6.4 节项目实战中的实例演示了如何访问系统应用提供的联系人数据。

6.6　课后习题

1. ContentProvider 中的（　　）方法根据传入的 URI 查询指定条件下的数据。
   A. select()　　　　　B. get()　　　　　C. query()　　　　　D. selectAll()
2. 下面关于 ContentProvider 的描述错误的是（　　）。
   A. ContentProvider 通过 URI 的形式对外提供数据
   B. ContentProvider 可以暴露数据给外部应用
   C. ContentProvider 用于实现跨应用的数据共享
   D. 可以通过直接创建 ContentProvider 的对象对外提供数据
3. 开发者如果需要将自己的数据暴露给其他应用，需要继承（　　）类实现增、删、改、查。
4. ContentProvider 是通过（　　）来标识自己的。
5. 使用（　　）类可以访问别的应用程序通过 ContentProvider 提供的数据。
6. 创建一个 ContentProvider 的步骤是什么？
7. 列举系统为哪些数据提供了 ContentProvider，并尝试使用 ContentResovler 访问其中的数据。

第7单元
Service

07

情景引入

在日常生活中，我们经常通过手机上的音乐应用听音乐，在我们操作应用甚至将应用切换到后台的时候，音乐并不会中断，始终都在播放。另外，当我们通过手机浏览器下载文件的时候，下载的进程并不会阻碍用户的操作，而是在后台执行，下载完成之后给用户发送通知。这些功能都可以通过Android的Service实现。Service也是Android的四大组件之一，是一个可以在后台长时间运行的组件。Service可以由其他组件启动，而且即使用户切换到其他应用，Service仍将在后台运行。Service的功能和使用方法与Activity的类似，它们的区别在于Activity需要向用户提供一个界面以供交互，而Service是在后台执行一些操作。通过本单元的学习，读者可以掌握如何在后台运行一些不需要界面展示的功能。

本单元首先介绍如何创建和配置Service；然后通过任务演示如何启动、停止、绑定和解绑Service，并介绍Service的生命周期；最后介绍如何跨进程调用Service。

学习目标

知识目标

1. 熟悉Service的创建和配置。
2. 熟悉Service的启动、停止、绑定和解绑。
3. 熟悉Service的生命周期。
4. 了解如何跨进程调用Service。

能力目标

1. 可以通过Service实现一些常驻后台的功能。
2. 可以实现Service和Activity之间的数据交互。

素质目标

1. 培养学生归纳总结的能力。
2. 培养学生的敬业精神。

思维导图

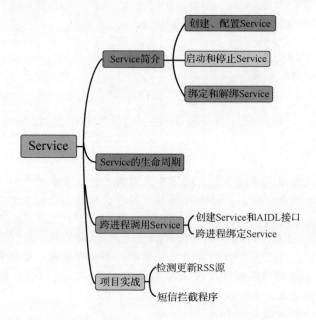

7.1 Service 简介

7.1.1 创建、配置 Service

Service 的创建步骤和 Activity 的类似，自定义的 Service 需要继承基类
Service，并且需要实现基类的若干个方法，其中必须实现的方法是 onBind()方
法，一些比较常见且重要的方法如表 7.1 所示。

Service

表 7.1　Service 中的比较常见且重要的方法

方法	说明
IBinder onBind(Intent intent)	该方法返回一个 IBinder 对象，用于使其他组件能够和 Service 通信，子类必须实现该方法
void onCreate()	Service 第一次创建时会回调该方法
int onStartCommand()	每次调用 startService(Intent)启动 Service 时都会回调该方法
boolean onUnbind(Intent intent)	当 Service 上绑定的所有组件都解绑时会回调该方法
void onDestroy()	Service 被销毁时会回调该方法

Service 创建示例：

```
public class DemoService extends Service {
    @Override
    public IBinder onBind(Intent intent) {
        // TODO 自动生成方法存根
        return null;
    }
```

```
    @Override
    public void onCreate() {
        // TODO 自动生成方法存根
        super.onCreate();
    }
    @Override
    public void onDestroy() {
        // TODO 自动生成方法存根
        super.onDestroy();
    }
    @Override
    public int onStartCommand(Intent intent, int flags, int startId) {
        // TODO 自动生成方法存根
        return super.onStartCommand(intent, flags, startId);
    }
    @Override
    public boolean onUnbind(Intent intent) {
        // TODO 自动生成方法存根
        return super.onUnbind(intent);
    }
}
```

和 Activity 一样，Service 在创建完成之后，还需要在 AndroidManifest.xml 文件中进行配置，否则系统找不到自定义的 Service。Service 的配置方法是在 AndroidManifest.xml 文件的 <application/>元素中增加一个<service/>元素，配置示例如下，其中 android:name 属性指定了 DemoService 的位置。另外，Service 也可以配置<intent-filter/>属性，用于指定 Service 可以匹配的 action。

Service 配置示例：

```
<service android:name="com.demo.service.DemoService">
        <intent-filter >
              <action android:name="com.demo.demoservice"/>
        </intent-filter>
</service>
```

在创建和配置完成该 Service 之后，我们就可以在程序中运行它了。Service 的运行方式有两种：启动 Service 和绑定 Service。下面我们将分别介绍这两种运行方式。

7.1.2 启动和停止 Service

启动 Service 通过调用 startService()方法实现，Service 一旦被启动，就可以在后台无限期运行，即使启动该 Service 的组件已经被销毁。这种方式的 Service 通常用于执行比较单一且不需要将执行结果返回给调用者的任务，例如，从网络下载或上传文件，操作完成之后会自行停止 Service。下面我们通过一个任务说明在 Activity 中启动 Service 的方法。

任务 7.1 启动和停止 Service

本任务的 Activity 中包含两个按钮，一个按钮用于启动 Service，另一个按钮用于停止 Service。

- 任务代码

MainActivity 代码：

143

```java
public class MainActivity extends Activity {
    protected void onCreate(Bundle savedInstanceState) {
        super.onCreate(savedInstanceState);
        setContentView(R.layout.activity_main);
        initWidget();
    }
    private void initWidget()
    {
        Button btnStart = (Button)findViewById(R.id.btn_start);//获取"启动"按钮
        Button btnStop = (Button)findViewById(R.id.btn_stop);//获取"停止"按钮
        btnStart.setOnClickListener(new OnClickListener() {
            public void onClick(View v) {
                Intent intent = new Intent(MainActivity.this, DemoService.class);
                startService(intent);      //调用 startService()启动 Service
            }
        });
        btnStop.setOnClickListener(new OnClickListener() {
            public void onClick(View v) {
                Intent intent = new Intent(MainActivity.this, DemoService.class);
                stopService(intent);      //调用 stopService()停止 Service
            }
        });
    }
}
```

DemoService 代码：

```java
public class DemoService extends Service {
    @Override
    public IBinder onBind(Intent intent) {
        Log.i("DemoService", "onBind()");
        return null;
    }
    @Override
    public void onCreate() {
        Log.i("DemoService", "onCreate()");
        super.onCreate();
    }
    @Override
    public void onDestroy() {
        Log.i("DemoService", "onDestroy()");
        super.onDestroy();
    }
    @Override
    public int onStartCommand(Intent intent, int flags, int startId) {
        Log.i("DemoService", "onStartCommand()");
        return super.onStartCommand(intent, flags, startId);
    }
    @Override
    public boolean onUnbind(Intent intent) {
        Log.i("DemoService", "onUnbind()");
```

```
        return super.onUnbind(intent);
    }
}
```

在 DemoService 的每个方法中没有进行具体的操作，只是输出了一条语句。单击 Activity 中的 "启动" 按钮，控制台日志输出如图 7.1 所示，此时回调了 Service 中的 onCreate()和onStartCommand()方法。

```
I  06-30 02:33:50.772  25752  25752  com.demo.service    DemoService    onCreate()
I  06-30 02:33:50.772  25752  25752  com.demo.service    DemoService    onStartCommand()
```

图 7.1　启动 Service

在 Service 已经启动的情况下单击 "启动" 按钮再次调用 startService()，控制台输出如图 7.2所示，输出说明每次调用 startService()方法都会回调 onStartCommand()方法。

```
I  06-30 02:33:50.772  25752  25752  com.demo.service    DemoService    onCreate()
I  06-30 02:33:50.772  25752  25752  com.demo.service    DemoService    onStartCommand()
I  06-30 02:34:59.260  25752  25752  com.demo.service    DemoService    onStartCommand()
```

图 7.2　再次调用 startService()

单击 Activity 中的 "停止" 按钮调用 stopService()方法，控制台输出如图 7.3 所示，Service已经停止，回调了 onDestroy()方法。

```
I  06-30 02:33:50.772  25752  25752  com.demo.service    DemoService    onCreate()
I  06-30 02:33:50.772  25752  25752  com.demo.service    DemoService    onStartCommand()
I  06-30 02:34:59.260  25752  25752  com.demo.service    DemoService    onStartCommand()
I  06-30 02:35:58.930  25752  25752  com.demo.service    DemoService    onDestroy()
```

图 7.3　停止 Service

7.1.3　绑定和解绑 Service

调用 startService()之后，运行的 Service 和调用者之间基本不存在太大的关联。但有些时候需要允许 Service 和其他组件之间进行数据交换，例如，手机音乐应用在后台播放音乐，在 Activity界面上需要知道当前播放的歌曲状态。这种情况下可以将一个组件和 Service 进行绑定。绑定Service 通过调用 bindService(Intent service, ServiceConnection conn, int flags)实现，该方法包含 3 个参数：第 1 个参数指定需要绑定的 Service；第 3 个参数指定绑定时是否自动创建 Service；第 2 个参数是一个 ServiceConnection 对象，它用于监听其他组件和 Service 之间的连接情况，不能为空，定义的方式如下。

```
private ServiceConnection sc = new ServiceConnection()
    {
        public void onServiceConnected(ComponentName name, IBinder service) {
        }
        public void onServiceDisconnected(ComponentName name) {
        }
    };
```

当组件和 Service 连接成功之后，会回调 onServiceConnected()方法；当组件和 Service 断开连接之后，会回调 onServiceDisconnected()方法。onServiceConnected()方法中包含一个IBinder 对象，组件和 Service 之间的交互就通过这个 IBinder 对象实现。创建自定义的 Service必须实现基类的 IBinder onBind(Intent intent)方法。当组件和 Service 绑定后，该方法返回的IBinder 对象会传到 ServiceConnection 对象中作为 onServiceConnected()方法的参数，从而实现 Service 和其他组件之间的通信。IBinder 是 API 中的一个接口，其中的一个实现类是 Binder

类。在开发中，可以通过继承 Binder 类实现自己的 IBinder 对象。下面我们通过一个具体的实例说明一个 Service 的绑定和解绑。

任务 7.2　绑定和解绑 Service

本任务在 Activity 中实现绑定 Service、获取 Service 中的信息和解绑 Service。

- **任务代码**

MainActivity 代码:

```
public class MainActivity extends Activity implements OnClickListener {
    private DemoService.MyBinder mBinder = null;      //定义一个 Binder 对象用于消息
交互
    private  ServiceConnection  sc  =  new  ServiceConnection()          // 定 义 一 个
ServiceConnection 对象
        {
            //Activity 绑定 Service 成功
            public void onServiceConnected(ComponentName name, IBinder service) {
                Log.i("DemoService", "=========service connected========");
                if(null != service)
                {
                    //为传递过来的 IBinder 对象赋值
                    mBinder = (DemoService.MyBinder)service;
                }
            }

            public void onServiceDisconnected(ComponentName name) {
                Log.i("DemoService", "=========service disconnected========");
            }
        };
    protected void onCreate(Bundle savedInstanceState) {
        super.onCreate(savedInstanceState);
        setContentView(R.layout.activity_main);
        initWidget();
    }
    private void initWidget()
    {
        Button btnStart = (Button)findViewById(R.id.btn_bind); //获取"绑定"按钮
        Button btnGetMsg = (Button)findViewById(R.id.btn_getmsg);  //获取"获取
信息"按钮
        Button btnStop = (Button)findViewById(R.id.btn_unbind);  //获取"解绑"
按钮
        btnStart.setOnClickListener(this);
        btnGetMsg.setOnClickListener(this);
        btnStop.setOnClickListener(this);
    }
    public void onClick(View v) {
        switch(v.getId())
        {
        case R.id.btn_bind:      //"绑定"按钮
```

```
        {
            Intent intent = new Intent(MainActivity.this, DemoService.class);
            bindService(intent, sc, Service.BIND_AUTO_CREATE);    //绑定 Service
            break;
        }
        case R.id.btn_getmsg:    //"获取信息"按钮
        {
            if(null != mBinder)
            {
                //通过 Binder 对象获取 Service 的数据
                Log.i("DemoService", mBinder.getMsg());
            }
            break;
        }
        case R.id.btn_unbind:    //"解绑"按钮
        {
            unbindService(sc);    //解绑 Service
            break;
        }
        default:
            break;
        }
    }
}
```

DemoService 代码:

```
public class DemoService extends Service {
    private String strMsg = "this is a message from DemoService !";
    private MyBinder mBinder = new MyBinder();
    public class MyBinder extends Binder    //定义一个类，它继承自 Binder 类
    {
        public String getMsg()    //对外提供访问 Service 中的数据的方法
        {
            return strMsg;
        }
    }
    public IBinder onBind(Intent intent) {
        Log.i("DemoService", "onBind()");
        return mBinder;    //返回一个 Binder 对象
    }
    @Override
    public void onCreate() {
        Log.i("DemoService", "onCreate()");
        super.onCreate();
    }
    @Override
    public void onDestroy() {
        Log.i("DemoService", "onDestroy()");
```

```
        super.onDestroy();
    }
    @Override
    public int onStartCommand(Intent intent, int flags, int startId) {
        Log.i("DemoService", "onStartCommand()");
        return super.onStartCommand(intent, flags, startId);
    }
    @Override
    public boolean onUnbind(Intent intent) {
        Log.i("DemoService", "onUnbind()");
        return super.onUnbind(intent);
    }
}
```

本任务在 Activity 中定义了 3 个按钮，它们分别用于绑定 Service、获取 Service 中的信息、解绑 Service。DemoService 中继承 Binder 类定义了一个内部类 MyBinder，用于对外提供访问 Service 中的数据的方法，onBind()方法返回 MyBinder 类的一个对象。单击"绑定"按钮，控制台输出结果如图 7.4 所示，DemoService 回调了 onCreate()和 onBind()方法，在 Activity 和 Service 连接成功之后，ServiceConnection 对象回调了 onServiceConnected()方法，Activity 在该方法中获取 MyBinder 对象。

I	06-30 06:29:25.750	18269	18269	com.demo.service	DemoService	onCreate()
I	06-30 06:29:25.750	18269	18269	com.demo.service	DemoService	onBind()
I	06-30 06:29:25.788	18269	18269	com.demo.service	DemoService	========service connected========

图 7.4　绑定 Service

单击"获取信息"按钮，控制台输出结果如图 7.5 所示，结果说明 Service 中的信息正确地传递到了 Activity 中。

I	06-30 06:29:25.750	18269	18269	com.demo.service	DemoService	onCreate()
I	06-30 06:29:25.750	18269	18269	com.demo.service	DemoService	onBind()
I	06-30 06:29:25.788	18269	18269	com.demo.service	DemoService	========service connected========
I	06-30 06:30:05.231	18269	18269	com.demo.service	DemoService	this is a message from DemoService !

图 7.5　通过 Binder 对象传递信息

单击 Activity 中的"解绑"按钮，控制台输出结果如图 7.6 所示。Service 回调了 onUnbind() 和 onDestroy()方法。

I	06-30 06:29:25.750	18269	18269	com.demo.service	DemoService	onCreate()
I	06-30 06:29:25.750	18269	18269	com.demo.service	DemoService	onBind()
I	06-30 06:29:25.788	18269	18269	com.demo.service	DemoService	========service connected========
I	06-30 06:30:05.231	18269	18269	com.demo.service	DemoService	this is a message from DemoService !
I	06-30 06:30:56.060	18269	18269	com.demo.service	DemoService	onUnbind()
I	06-30 06:30:56.060	18269	18269	com.demo.service	DemoService	onDestroy()

图 7.6　解绑 Service

7.2　Service 的生命周期

Service 的生命周期比较简单，但是对于不同的运行方式而言，Service 的生命周期也有所不同，如图 7.7 所示，左图是启动 Service 的生命周期，右图是绑定 Service 的生命周期。

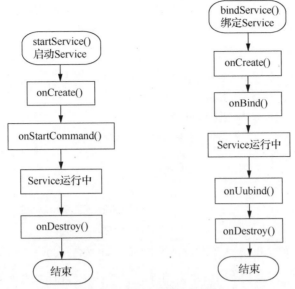

图 7.7　Service 的生命周期

从图 7.7 中可以看出，无论是启动 Service 还是绑定 Service，生命周期都从回调 onCreate()方法开始，到回调 onDestroy()方法结束。onCreate()方法中可以做一些初始化的操作，onDestroy()方法中可以做资源的释放操作。例如，实现后台播放音乐功能可以在 onCreate()方法中做音乐应用和音频文件的初始化操作，可以在 onDestroy()方法中做音乐应用资源的释放操作。回调onCreate()方法之后，对于启动 Service 而言会执行 onStartCommand()方法。而对于绑定Service 而言，会回调 onBind()方法，解绑 Service 之后，会回调 onUnbind()方法。

7.3　跨进程调用 Service

7.2 节介绍了 Service 的生命周期，但都是在同一个应用程序中启动 Service。在 Android系统中，不同的进程之间通常也需要互相访问数据，这就需要实现跨进程通信。如果两个进程之间需要通信，则需要使用通信接口，Android 使用 AIDL（Android Interface Definition Language，Android 接口定义语言）来定义进程之间的通信接口。

7.3.1　创建 Service 和 AIDL 接口

跨进程绑定 Service 的操作与之前在同一个应用内调用 bindService()方法的类似，onBind()方法返回一个 IBinder 对象，在 ServiceConnection 对象的 onServiceConnection()方法中获取IBinder 对象，通过 IBinder 对象实现通信。只不过跨进程时，需要通过 AIDL 处理 IBinder 对象的传递和获取。AIDL 的定义和 Java 接口的定义类似，它们的区别在于 AIDL 文件的名称以.aidl 结尾，示例代码如下：

```
package com.demo.aidl.service;

interface IStu
{
    String getStuNo();
    String getStuName();
}
```

在 src 目录下创建名称以.aidl 结尾的文件之后，SDK 工具会在项目的 gen 目录下生成 IBinder 接口文件。生成的文件名与 AIDL 文件的文件名一致，扩展名为.java，如图 7.8 所示。

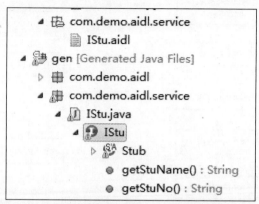

图 7.8　gen 目录下生成的与 AIDL 文件同名的 Java 文件

打开自动生成的IStu.java文件可以看到，里面定义了一个Stu内部类，该内部类继承自Binder 类并实现了 IStu.aidl 接口，因此，该类的对象可以作为 Service 中 onBind()函数的返回值。

AIDL 接口创建好之后，就可以创建 Service 类。此处 Service 类的创建和之前的类似，具体代码如下：

```java
public class AIDLService extends Service {

    private String stuNo;
    private String stuName;

    private IStu.Stub mBinder = new IStu.Stub() {     //定义一个 IStu.Stub 类的对象
        public String getStuNo() throws RemoteException {     //实现对应的方法
            return stuNo;
        }
        public String getStuName() throws RemoteException {
            return stuName;
        }
    };
    public IBinder onBind(Intent intent) {
        return mBinder;     //返回 IBinder 类型的变量
    }
    @Override
    public void onCreate() {
        super.onCreate();
        stuNo = "201701";

    }
    @Override
    public void onDestroy() {
        stuName = "Tom";
        super.onDestroy();
    }
}
```

AIDLService 的配置：

```
<service android:name="com.demo.aidl.service.AIDLService">
        <intent-filter >
            <action android:name="com.demo.aidlservice"/>
        </intent-filter>
</service>
```

可以看到，用于跨进程通信的 Service 与之前的一样，只是增加了 AIDL 接口。IBinder 对象为生成的 Stub 类的对象。

7.3.2 跨进程绑定 Service

Service 定义好之后，就可以在别的进程中对该 Service 进行访问了，绑定的方式和之前的一样，只是对 Binder 对象的获取方式有所不同，具体代码如下。

MainActivity 代码：

```
package com.demo.aidl;

import com.demo.aidl.service.IStu;

import android.os.Bundle;
import android.os.IBinder;
import android.os.RemoteException;
import android.app.Activity;
import android.app.Service;
import android.content.ComponentName;
import android.content.Intent;
import android.content.ServiceConnection;
import android.util.Log;
import android.view.Menu;
import android.view.View;
import android.view.View.OnClickListener;
import android.widget.Button;

public class MainActivity extends Activity implements OnClickListener {
    private IStu mBinder;
    private ServiceConnection sc = new ServiceConnection()        // 定义
ServiceConnection 对象
        {
            public void onServiceConnected(ComponentName name, IBinder service) {
                Log.i("DemoService", "=========service connected========");
                if(null != service)
                {
                    mBinder = IStu.Stub.asInterface(service);  //获取传递过来的Binder
对象
                }
            }

            public void onServiceDisconnected(ComponentName name) {
                Log.i("DemoService", "=========service disconnected========");
            }
        };
```

```
    protected void onCreate(Bundle savedInstanceState) {
        super.onCreate(savedInstanceState);
        setContentView(R.layout.activity_main);
        initWidget();
    }
    private void initWidget()
    {
        Button btnStart = (Button)findViewById(R.id.btn_bind);
        Button btnGetMsg = (Button)findViewById(R.id.btn_getmsg);
        Button btnStop = (Button)findViewById(R.id.btn_unbind);
        btnStart.setOnClickListener(this);
        btnGetMsg.setOnClickListener(this);
        btnStop.setOnClickListener(this);
    }
    public void onClick(View v) {
        switch(v.getId())
        {
        case R.id.btn_bind:
        {
            Intent intent = new Intent();
            intent.setAction("com.demo.aidlservice");
            bindService(intent, sc, Service.BIND_AUTO_CREATE);    //绑定 Service
            break;
        }
        case R.id.btn_getmsg:
        {
            if(null != mBinder)
            {
                try {
                    Log.i("DemoService", "stuNo:" + mBinder.getStuNo() + ";
stuName:" + mBinder.getStuName());    //通过 Binder 对象访问其他进程中的 Service 的数据
                } catch (RemoteException e) {
                    e.printStackTrace();
                }
            }
            break;
        }
        case R.id.btn_unbind:
        {
            unbindService(sc);    //解绑 Service
            break;
        }
        default:
            break;
        }
    }
}
```

可以看到，跨进程访问 Service 的代码和之前的一样，只不过需要注意以下两点。

（1）Binder 对象的类型为 IStu 类型，这个数据类型是在 Service 进程中定义 AIDL 接口之后自动生成的，当前进程中不存在该类型。这里把 Service 进程中的 AIDL 文件复制到当前项目的 src 文件夹下，当前项目也会自动在 gen 目录下生成对应的 IStu.java 文件。

（2）在 ServiceConnection 对象回调 onServiceConnected(ComponentName name, IBinder service)之后，之前是直接通过强制类型转换将参数 service 转换为自定义的 Binder 对象，而这里是通过调用 asInterface(service)方法将参数 service 转换为 IStu 对象。

7.4 项目实战

项目 7.1　检测更新 RSS 源

项目实战

在第 3 单元的项目实战中，在应用启动的时候系统会从 RSS 源获取文章的摘要信息并将其以列表形式展示。本单元项目实战实现在后台不断检测 RSS 源是否有更新，如果 RSS 源有更新，则刷新列表的显示页面。用于检测的后台任务有多种实现方式，本单元项目实战通过 Service 实现数据源的更新检测，通过广播的方式通知数据源有更新。

（1）首先，我们定义一个 Service，启动一个定时任务，任务的内容是每隔 1 小时检测一次 RSS 源，如果 RSS 源有更新，则以广播的方式通知出去，代码具体如下：

```
public class RefreshService extends Service {

    private RSSLoader rssLoader;

    private ScheduledExecutorService executorService = Executors.newScheduled
ThreadPool(2);

    @Override
    public void onCreate() {
        this.rssLoader = new RSSLoader();
        this.rssLoader.setContext(this);
    }

    @Nullable
    @Override
    public IBinder onBind(Intent intent) {
        return null;
    }

    @Override
    public int onStartCommand(Intent intent, int flags, int startId) {
    // 启动一个定时任务
        executorService.scheduleAtFixedRate(new Runnable() {
            @Override
            public void run() {
                boolean refresh = false;
    // 获取所有的 RSS 源
                List<RSSSource> rssSources = rssLoader.getSourceRepository().
getSources();
                if (null == rssSources || rssSources.isEmpty()) {
                    return;
                }
```

```
                    for (RSSSource rssSource : rssSources) {
        // 获取数据库中保存的 RSS 源最近更新的时间
                        String lastBuildDate = rssSource.getLastBuildDate();
        // 解析出最新时间
                        String currentBuildDate = rssLoader.getInfoByTag(rssSource.
getUrl(), "lastBuildDate");
        // 当前时间比数据库中存储的时间新，说明 RSS 源有更新
                        if (null == lastBuildDate || currentBuildDate.compareToIgnore
Case(lastBuildDate) > 0) {
                            rssLoader.getSourceRepository().updateRSSLastBuildDate
(rssSource.getUrl(), currentBuildDate);
                            refresh = true;
                        }
                    }
        // 如果 RSS 源有更新，则以广播的方式通知出去
                    if (refresh) {
                        Intent intent = new Intent();
                        intent.setAction("rss.intent.action.refresh");
                        RefreshService.this.sendBroadcast(intent);
                    }

                }
        }, 1, 1, TimeUnit.HOURS);
        return Service.START_NOT_STICKY;
    }

    @Override
    public void onDestroy() {
        this.executorService.shutdown();
    }
}
```

在 AndroidManifest.xml 文件中配置 Service。

```
<service android:name=".service.RefreshService"
    android:exported="true">
    <intent-filter>
        <action android:name="com.demo.rssreader.service.refresh"/>
    </intent-filter>
</service>
```

（2）接下来需要在 MainActivity 中做 3 件事：定义一个广播接收者，用于在接收到通知后刷新列表页面；动态注册广播；启动 RefreshService。

MainActivity 代码：

```
public class MainActivity extends AppCompatActivity {

    ......

    private RefreshReceiver receiver = null;

    @Override
    protected void onCreate(Bundle savedInstanceState) {
```

```
      ......
   // 动态注册广播
          receiver = new RefreshReceiver();
          IntentFilter intentFilter = new IntentFilter("rss.intent.action.
refresh");
          registerReceiver(receiver, intentFilter);
          // 启动 Service
          Intent intent = new Intent(this, RefreshService.class);
          startService(intent);
      }

      @Override
      protected void onDestroy() {
          super.onDestroy();
          // 注销广播
          if (null != receiver) {
              unregisterReceiver(receiver);
          }
   // 停止 Service
          Intent intent = new Intent(this, RefreshService.class);
          stopService(intent);
      }

   // 自定义广播接收者
      class RefreshReceiver extends BroadCastReceiver {

          @Override
          public void onReceive(Context context, Intent intent) {
              if (null == intent) {
                  return;
              }
              String action = intent.getAction();
              if (!TextUtils.isEmpty(action) && "rss.intent.action.refresh".equals
(action)) {
      // 接收到数据更新的通知，刷新页面
                  Toast.makeText(context, "rss item has been refreshed by new data.",
Toast.LENGTH_SHORT).show();
                  adapter.notifyDataSetChanged();
              }
          }
      }
   }
```

这样，在启动应用之后，会在后台启动 RefreshService，每隔 1 小时检测一次 RSS 数据源是否有更新，如果有更新，会发送 action 为 "rss.intent.action.refresh" 的通知，MainActivity 中的广播接收者收到该通知后就会刷新页面。

项目 7.2　短信拦截程序

本项目结合第 4 单元的广播接收者实现了一个短信监听程序。程序启动一个 Service，常驻后台，之后注册一个自定义的广播监听者，当系统接收到短信消息时，自定义的广播接收者会拦截并读取短信的发送者信息和短信内容，具体实现如下。

MainActivity 代码：

```java
public class MainActivity extends Activity {
    @Override
    protected void onCreate(Bundle savedInstanceState) {
        super.onCreate(savedInstanceState);
        setContentView(R.layout.activity_main);
        Intent intent = new Intent(MainActivity.this, MessageService.class);
        startService(intent);
    }
}
```

MainActivity 的代码比较简单，仅通过 Intent 启动了一个 MessageService。

MessageService 代码：

```java
public class MessageService extends Service {

    private MessageReceiver mReceiver;

    @Override
    public IBinder onBind(Intent arg0) {
        return null;
    }

    @Override
    public void onCreate() {
        mReceiver = new MessageReciever();
        IntentFilter filter = new IntentFilter("android.provider.Telephony.
SMS_RECEIVED");
        registerReceiver(mReceiver, filter);
    }

    @Override
    public void onDestroy() {
        if(null != mReceiver)
        {
            unregisterReceiver(mReceiver);
            mReceiver = null;
        }
    }

    @Override
    public int onStartCommand(Intent intent, int flags, int startId) {
        return super.onStartCommand(intent, flags, startId);
    }

    @Override
    public boolean onUnbind(Intent intent) {
        return super.onUnbind(intent);
    }
}
```

MessageService 常驻后台运行。在 onCreate()方法中，动态注册了一个自定义的广播接收者，它用于接收 Intent 为 android.provider.Telephony.SMS_RECEIVED 的消息。广播接收者的注册代码如下：

```java
public class MessageReciever extends BroadcastReceiver{

    private static final String SMS_RECEIVER_ACTION = "android.provider.
Telephony.SMS_RECEIVED";
    @Override
    public void onReceive(Context context, Intent intent) {
        StringBuilder sBuilder = new StringBuilder();
        if(SMS_RECEIVER_ACTION.equals(intent.getAction()))
        {
            Bundle bundle = intent.getExtras();
            if(null != bundle)
            {
                Object[] pdus = (Object[])bundle.get("pdus");
                SmsMessage[] messages = new SmsMessage[pdus.length];
                for(int i = 0; i < messages.length; ++i)
                {
                    messages[i] = SmsMessage.createFromPdu((byte[])pdus[i]);
                }
                for(SmsMessage msg : messages)
                {
    sBuilder.append("source:").append(msg.getDisplayOriginatingAddress()).append
("message content:").append("\n");
                    sBuilder.append(msg.getDisplayMessageBody()).append("\n");
                }
            }
        }
        Toast.makeText(context, "receive messages:\n" + sBuilder.toString(),
Toast.LENGTH_LONG).show();
    }
}
```

在 MessageReciever 中，首先判断接收到的消息是否为短信消息，然后调用 Intent.getExtras() 方法获取广播携带的消息，最后解析短信的发送者和短信内容，将结果以 Toast 的方式显示出来。

本项目需要短信消息的接收权限，所以需要在 AndroidManifest.xml 文件中声明权限，具体如下：

```xml
<!-- 发送消息-->
<uses-permission android:name="android.permission.SEND_SMS"/>
<!-- 阅读消息-->
<uses-permission android:name="android.permission.READ_SMS"/>
<!-- 写入消息-->
<uses-permission android:name="android.permission.WRITE_SMS" />
<!-- 接收消息 -->
<uses-permission android:name="android.permission.RECEIVE_SMS"/>
```

7.5 单元小结

本单元我们主要介绍了 Android 的 Service 组件，Service 和同为 Android 四大组件的 Activity 类似，只不过 Service 运行在后台，没有界面显示，常用于一些服务和监控程序。我们首先介绍了 Service 的创建、配置、启动、停止、绑定和解绑，然后介绍了 Service 的生命周期，帮助读者了解 Service 从创建到销毁的整个过程。最后介绍了如何跨进程调用 Service。7.4 节项目实战演示了如何通过 Service 执行后台任务。

7.6 课后习题

1. 下列关于 Service 的说法错误的是（　　）。
   A. Service 可以在后台无限期运行，即使启动它的组件已经被销毁
   B. 如果通过 bindService()方法绑定 Service，第一个回调 onBind()方法
   C. 启动 Service 的组件可以通过 IBinder 对象和 Service 做数据交互
   D. 可以跨进程调用 Service
2. 创建自定义的 Service，必须实现基类的（　　）方法。
3. 调用 unbindService()方法解绑 Service，系统会回调（　　）和（　　）方法。
4. Android 通过（　　）定义进程之间的通信接口。
5. 思考如何实现在手机音乐播放器切换到后台时停止播放音乐。
6. 思考有哪些场景需要跨进程调用 Service。

第8单元
高级编程

08

情景引入

在移动互联网时代，我们使用的几乎所有的应用程序都要和用户进行交互，例如浏览新闻网站、使用社交软件、观看短视频时，在应用内部切换页面或者单击按钮时，经常会出现一些动画效果，这些动画效果使得用户体验更好。本单元将会在前面几个单元的基础上介绍一些拓展知识。通过本单元的学习，读者可以为进行Android高级开发打下基础，在后续的开发过程中丰富应用程序的功能。

本单元首先介绍一些网络编程的知识，然后介绍Android系统中提供的一些动画API。另外，在应用程序与用户的交互中，如果一个操作比较耗时，就可能会造成让用户长时间等待的现象，甚至会因为ANR（Application Not Responding，应用无响应）导致应用异常退出。本单元我们会介绍如何使用线程完成耗时的操作，另外还会介绍Fragment和RecyclerView组件。

学习目标

知识目标

1. 掌握Socket通信的流程。
2. 掌握Android图形图像和动画的基础。
3. 掌握在Android中播放多媒体资源的方法。
4. 了解Android中线程开发的作用。
5. 了解Fragment和RecyclerView。

能力目标

1. 可以在Android应用中实现网络请求。
2. 可以为应用程序的操作添加一些动画效果。
3. 可以通过线程完成耗时的操作。

素质目标

1. 拓展学生知识面。
2. 培养学生的自主学习意识和自主研究的能力。

思维导图

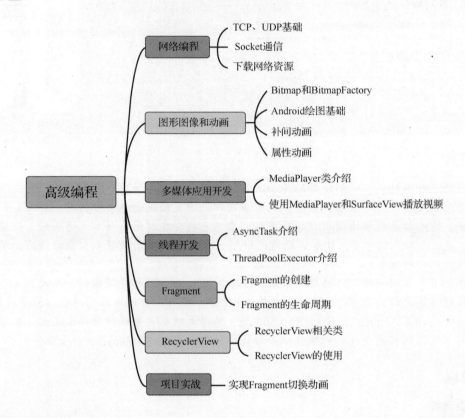

8.1 网络编程

　　网络编程是指多台设备之间通过网络进行数据交换。网络通信基于"请求响应模型"，即一台设备发送通信请求，另一台设备进行反馈。发送请求端称为客户端，响应请求端称为服务端。例如常见的 QQ 程序，用户打开 QQ 客户端程序之后，输入用户名和密码，再单击"登录"，即向腾讯服务端发送登录请求，服务端把请求结果反馈到客户端。Android 是基于 Java 进行开发的，所以 JDK 中关于网络编程的 API 在 Android 中均可使用。

8.1.1 TCP、UDP 基础

　　两台设备之间进行通信，一定要通过通信协议，即客户端以一定的格式将数据发送出去，服务端接收到数据之后，可以根据同样的协议将数据的内容解析出来。在现有的网络中，通信方式有两种：TCP 和 UDP。TCP（Transmission Control Protocol，传输控制协议）提供的是面向连接、可靠的字节流服务，通信双方必须先建立一个 TCP 连接，然后才能传输数据。而且 TCP 还提供了超时重发、数据校验、拥塞控制等功能，保证了数据的可靠传输。UDP（User Datagram Protocol，用户数据报协议）只是简单地把数据发送出去，并不能保证数据能到达目的地，不提供可靠传输。所以 TCP 应用于需要安全可靠地传输数据的场景，但是资源占用比较多。UDP 应用于对数据可靠性要求不是太高的场景，其优点是资源占用比较少，另外 UDP 没有数据校验、拥塞控制等功能，

故而传输速度比较快。

对于上层应用来说，无论是 TCP 还是 UDP，通信都包括客户端和服务端，处理流程也具有一般性，具体如表 8.1 所示。

表 8.1　客户端和服务端的处理流程

客户端处理流程：

（1）根据服务端的 IP 地址和端口号建立网络连接；

（2）建立连接之后，进行数据交换，向服务端发送请求和接收服务端反馈的数据；

（3）关闭连接

服务端处理流程：

（1）服务端启动之后，监听一个固定的端口，被动地等待客户端连接；

（2）在客户端连接到服务端之后，服务端可以获取客户端的 IP 地址等信息，可以进行数据交换；

（3）接收客户端发送的数据，然后把处理的结果反馈给客户端；

（4）关闭连接

8.1.2　Socket 通信

对于 TCP 和 UDP 通信，Java 均有对应的 API 来实现。现在我们以 TCP 通信为例，通过一个任务说明网络通信的方式。

任务 8.1　实现网络通信

对于 TCP 通信，Java 中使用 Socket 类进行客户端开发，使用 ServerSocket 类进行服务端开发。

- **任务代码**

客户端代码：

```java
private void startClient() {
    String data = "Hello World";
    InputStream is = null;
    OutputStream os = null;
    Socket c = null;
    try {
        c = new Socket("192.168.1.101", 7005);    //建立连接
        os = c.getOutputStream();    //获得输出流
        os.write(data.getBytes());    //发送数据

        is = c.getInputStream();    //获得输入流
        byte[] b = new byte[1024];
        is.read(b);    //接收反馈数据
    } catch (Exception e) {
        e.printStackTrace();
    } finally {
        try {
            if (null != c) {
                c.close();
            }
```

```
            if(null != is)
            {
                is.close();
                is = null;
            }
            if(null != os)
            {
                os.close();
                os = null;
            }
        } catch (IOException e) {
            e.printStackTrace();
        }
    }
}
```

客户端首先定义了一个 Socket 对象向服务端请求建立连接，构造函数以服务端的 IP 地址和端口号作为参数。建立连接之后，调用 getOutputStream()获取输出流，向服务端发送数据。

- 任务代码

服务端代码：

```
private void startServer() {
    ServerSocket sc = null;
    try
    {
        sc = new ServerSocket(7005);      //监听端口号
        while(true)
        {
            Socket c = sc.accept();       //被动地等待连接
            new ServerThread(c);          //开启一个线程处理客户端请求
        }
    }catch(Exception e)
    {
        e.printStackTrace();
    }finally
    {
        try
        {
            if(null != sc)
            {
                sc.close();
                sc = null;
            }
        }catch(Exception e1)
        {
            e1.printStackTrace();
        }
    }
}
```

服务端首先定义了一个 ServerSocket 对象，构造函数以将要监听的端口号作为参数，然后调用 accept()方法被动地等待连接。这个方法是一个阻塞方法，如果没有接收到客户端请求，代码会阻塞在该处，不会向下执行；如果接收到客户端请求，则会返回一个与客户端之间的 Socket 连接，然后开启一个线程处理客户端的请求（因为一个服务端可能同时对应多个客户端，所以为每个客户端开启一个线程处理）。ServerThread 代码包含的是基本的 I/O 流操作，具体如下。

ServerThread 代码：

```java
public class ServerThread extends Thread {
    private Socket c = null;
    public ServerThread(Socket c)
    {
        this.c = c;
        start();     //启动线程
    }

    @Override
    public void run() {
        InputStream is = null;
        try
        {
            if(null != c)
            {
                is = c.getInputStream();     //获取输入流
            }
            if(null != is)
            {
                byte[] b = new byte[1024];
                int size = is.read(b);     //读取接收到的消息
                Log.i("Socket", "the msg is:" + new String(b, 0, size));
            }
        }catch(Exception e)
        {
            e.printStackTrace();
        }finally
        {
            try
            {
                if(null != is)
                {
                    is.close();
                    is = null;
                }
                if(null != c)
                {
                    c.close();
                    c = null;
                }
            }catch(Exception e1)
            {
                e1.printStackTrace();
            }
        }
    }
}
```

8.1.3 下载网络资源

在 Android 开发中，经常需要请求网络资源，例如播放在线音乐，或者加载并显示一张网络图片。Java 提供了 HttpURLConnection 和 HttpsURLConnection，两者都可以基于 URL 实现简单的请求响应功能，它们的区别在于是访问 HTTP（Hypertext Transfer Protocol，超文本传送协议）超链接还是访问 HTTPS（Hypertext Transfer Protocol Secure，超文本传输安全协议）超链接。

任务 8.2 下载网络图片

本任务通过 HttpURLConnection 获取网络图片。

- **任务代码**

```
private Bitmap getBitmap(String path)
    {
        Bitmap bm = null;
        try
        {
            URL url = new URL(path);  //创建一个 URL 对象，其参数为网络图片的超链接地址
            //调用 openConnection()方法开启一个超链接
            HttpURLConnection con = (HttpURLConnection)url.openConnection();
            //设置相关参数
            con.setDoInput(true);
            con.setConnectTimeout(5000);
            con.setReadTimeout(2000);
            con.connect();
            InputStream is = con.getInputStream();    //获取输入流
            bm = BitmapFactory.decodeStream(is);    //将输入流解析为 Bitmap 对象
            is.close();
        }catch(Exception e)
        {
            e.printStackTrace();
        }
        return bm;
    }
```

代码中首先根据网络图片的超链接地址创建了一个 URL 对象；再调用 openConnection()方法开启一个超链接；然后设置相关参数，如超时时间等；接着调用 getInputStream()方法获取输入流；最后进行 I/O 流的基本处理，可以调用 BitmapFactory 的 decodeStream()方法将输入流解析成 Bitmap 对象。

8.2 图形图像和动画

对于一个应用来说，图片是一种很丰富的表达形式。Android 中为图片的处理提供了大量的 API，不仅包括图片的显示、绘制，还包括一些简单的动画效果。本节我们将介绍这些 API 的使用方法。

8.2.1 Bitmap 和 BitmapFactory

Android 中提供了 Bitmap 类用于图片处理，一个 Bitmap 对象代表一张位图，其中存储了图片的尺寸、颜色、像素点等信息，Bitmap 类提供了大量的方法，其常见的方法如表 8.2 所示。

表 8.2 Bitmap 常见的方法

方法	说明
static Bitmap createBitmap(Bitmap source, int x, int y, int width, int height)	静态方法，以 source 图片的(x,y)位置为起点，截取宽为 width、高为 height 的图片
static Bitmap createBitmap(int width, int height, Bitmap.Config config)	创建一个 Bitmap 对象
static Bitmap createScaledBitmap(Bitmap src, int dstWidth, int dstHeight, boolean filter)	将 src 图像缩放后创建一个新的 Bitmap 对象
final int getHeight()	获取 Bitmap 的高
final int getWidth()	获取 Bitmap 的宽
void recycle()	回收 Bitmap 对象和对应像素点所占内存
final boolean isRecycled()	判断 Bitmap 对象是否被回收
int getPixel(int x, int y)	获取图片指定位置处像素点的值
void setPixel(int x, int y, int color)	设置图片指定位置处像素点的值

BitmapFactory 主要用于加载 Bitmap 对象，可以从资源文件解析，也可以根据图片的路径进行加载，还可以根据输入流对 Bitmap 对象进行解析，相应的方法如表 8.3 所示。

表 8.3 BitmapFactory 的方法

方法	说明
static Bitmap decodeByteArray(byte[] data, int offset, int length, BitmapFactory.Options opts)	将字节数组解析成 Bitmap 对象
static Bitmap decodeFile(String pathName, BitmapFactory.Options opts)	根据图片的路径加载 Bitmap 对象
static Bitmap decodeResource(Resources res, int id, BitmapFactory.Options opts)	将资源文件解析成 Bitmap 对象
static Bitmap decodeStream(InputStream is)	将输入流解析成 Bitmap 对象

8.2.2 Android 绘图基础

除了显示已有的图片之外，Android 还支持一些简单的二维绘图，其实 Android 的一些基本组件，如 TextView、Button 等，也都是系统绘制出来的。绘制的操作在 View 类的 onDraw(Canvas canvas)方法中，每个组件需要实现 onDraw(Canvas canvas)方法进行自定义的绘制。所以，Android 的绘图应该定义一个类，它继承自 View 组件，并重新定义 onDraw(Canvas canvas)方法。其中，参数 Canvas 可以理解为画布，绘制操作均在 Canvas 上执行。Canvas 类支持的一些方法如表 8.4 所示。

表 8.4　Canvas 类支持的一些方法

方法	说明
drawBitmap(Bitmap bitmap, float left, float top, Paint paint)	从 Bitmap 对象的左上角开始绘制
drawCircle(float cx, float cy, float radius, Paint paint)	绘制一个圆
drawLine(float startX, float startY, float stopX, float stopY, Paint paint)	绘制一条线
drawPoint(float x, float y, Paint paint)	绘制一个点
drawRect(float left, float top, float right, float bottom, Paint paint)	绘制一个矩形
drawText(String text, float x, float y, Paint paint)	绘制一个字符串

从表 8.4 中可以看出，每一个方法中都包含一个 Paint 类的参数。Paint 类代表画笔，Paint 类的参数指定了画笔的颜色和粗细等，与它相关的部分方法如表 8.5 所示。

表 8.5　与 Paint 类相关的部分方法

方法	说明
setAlpha(int a)	设置画笔的透明度
setAntiAlias(boolean aa)	设置是否抗锯齿
setColor(int color)	设置画笔的颜色
setShader(Shader shader)	设置画笔的填充效果
setShadowLayer(float radius, float dx, float dy, int color)	设置画笔的阴影效果
setStrokeWidth(float width)	设置画笔的粗细
setTextSize(float textSize)	设置绘制文字的大小

任务 8.3　使用线性布局

本任务说明绘制图形的方法，运行结果如图 8.1 所示。

- **任务代码**

自定义 View 代码：

```
public class CanvasView extends View {     //自定义一个类继承 View 组件
    public CanvasView(Context context, AttributeSet attrs) {
        super(context, attrs);
    }
    @Override
    protected void onDraw(Canvas canvas) {     //重写 onDraw()方法
        super.onDraw(canvas);
        Paint paint = new Paint();     //定义一个画笔对象
        paint.setAntiAlias(true);     //设置抗锯齿
        paint.setStyle(Paint.Style.STROKE);     //设置画笔的风格
        paint.setStrokeWidth(5);     //设置画笔的粗细
```

```
        paint.setColor(Color.GREEN);      //设置画笔的颜色
        paint.setTextSize(24);        //设置绘制的文字大小
        canvas.drawCircle(60, 60, 50, paint);      //绘制圆
        canvas.drawLine(10, 100, 100, 100, paint);      //绘制线
        canvas.drawRect(10, 150, 100, 300, paint);        //绘制矩形
        canvas.drawText("Hello World", 10, 300, paint);      //绘制字符串
    }
}
```

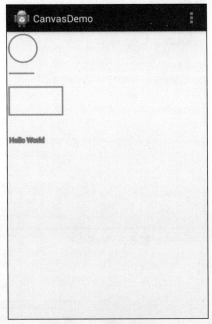

图 8.1　图形的绘制

8.2.3　补间动画

　　在 Android 应用中，经常会出现一些动画效果，例如控件的滑入与滑出、图片的渐隐等。常见的实现方式有补间动画和属性动画。补间动画是指开发者指定控件的初始状态和结束状态，系统自动补齐显示控件的中间状态。Android 补间动画支持的效果比较简单，包括平移、缩放、旋转、透明度变换，对应的类如表 8.6 所示。

表 8.6　补间动画对应的类

类	说明
TranslateAnimation	用于实现平移动画的类，需要指定控件起始和结束时的位置
ScaleAnimation	用于实现缩放动画的类，需要指定动画的缩放中心、起始的缩放比和结束时的缩放比
RotateAnimation	用于实现旋转动画的类，需要指定旋转中心的坐标、起始的旋转角度和结束时的旋转角度
AlphaAnimation	用于实现透明度变换的类，需要指定起始的透明度和结束时的透明度

　　下面我们通过一个任务说明补间动画的使用。

任务 8.4　使用补间动画

本任务在 Activity 中定义了一张图片和 4 个按钮，这 4 个按钮分别用于触发 4 种动画，运行结果如图 8.2 所示。

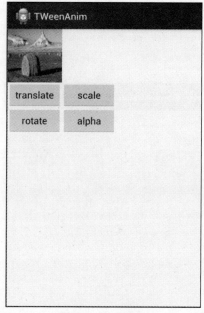

图 8.2　补间动画

- 任务代码

MainActivity 代码：

```java
public class MainActivity extends Activity implements OnClickListener {
    protected void onCreate(Bundle savedInstanceState) {
        super.onCreate(savedInstanceState);
        setContentView(R.layout.activity_main);
        initWidget();
    }
    private void initWidget() {
        Button btnTrans = (Button) findViewById(R.id.btn_translate);     //获取对
应的 4 个按钮
        Button btnScale = (Button) findViewById(R.id.btn_scale);
        Button btnRotate = (Button) findViewById(R.id.btn_rotate);
        Button btnAlpha = (Button) findViewById(R.id.btn_alpha);
        btnTrans.setOnClickListener(this);      //设置监听事件
        btnScale.setOnClickListener(this);
        btnRotate.setOnClickListener(this);
        btnAlpha.setOnClickListener(this);
    }
    public void onClick(View v) {
        ImageView imgView = (ImageView) findViewById(R.id.img_pic);
        switch (v.getId()) {
        case R.id.btn_translate: {     //平移动画
```

```
            TranslateAnimation tanim = new TranslateAnimation(0, 100, 0, 0);
            tanim.setDuration(500);     //设置动画执行的时间
            tanim.setFillAfter(true);       //设置动画执行后保持变化后的状态
            imgView.startAnimation(tanim);
            break;
        }
        case R.id.btn_scale: {      //缩放动画
            ScaleAnimation sanim = new ScaleAnimation(0.0f, 1.2f, 0.0f, 1.2f,
                    Animation.RELATIVE_TO_SELF, 0.5f,
                    Animation.RELATIVE_TO_SELF, 0.5f);
            sanim.setDuration(500);
            sanim.setFillAfter(true);
            imgView.startAnimation(sanim);
            break;
        }
        case R.id.btn_rotate: {     //旋转动画
            RotateAnimation ranim = new RotateAnimation(0, 360,
                    Animation.RELATIVE_TO_SELF, 0.5f,
                    Animation.RELATIVE_TO_SELF, 0.5f);
            ranim.setDuration(500);
            ranim.setFillAfter(true);
            imgView.startAnimation(ranim);
            break;
        }
        case R.id.btn_alpha: {      //透明度变换
            AlphaAnimation anim = new AlphaAnimation(1.0f, 0.0f);
            anim.setDuration(500);
            anim.setFillAfter(true);
            imgView.startAnimation(anim);
            break;
        }
        default:
            break;
        }
    }
}
```

8.2.4 属性动画

属性动画几乎可以作用在任何对象上，而且不同于补间动画只能支持 4 种变换，属性动画可以在一定时间内将对象的属性从一个初始值改变到另一个值，因此，只要是对象存在的属性，无论是可见的还是不可见的，都可以实现动画效果。属性动画可以通过 ObjectAnimator 实现。下面我们通过一个任务说明属性动画的具体作用。

任务 8.5　使用属性动画

本任务在 Activity 中定义了两个按钮，一个用于触发图片的平移，另一个用于触发图片的透明度的变换。

- 任务代码

MainActivity 代码：

```
public class MainActivity extends Activity implements OnClickListener {
    protected void onCreate(Bundle savedInstanceState) {
        super.onCreate(savedInstanceState);
        setContentView(R.layout.activity_main);
        initWidget();
    }
    private void initWidget() {
        Button btnTrans = (Button) findViewById(R.id.btn_translation);  //获取按钮
        Button btnAlpha = (Button) findViewById(R.id.btn_alpha);
        btnTrans.setOnClickListener(this);     //设置监听事件
        btnAlpha.setOnClickListener(this);
    }
    @SuppressLint("NewApi")
    public void onClick(View v) {
        ImageView imgView = (ImageView) findViewById(R.id.img_pic);
        switch (v.getId()) {
        case R.id.btn_translation: {     //平移
            ObjectAnimator anim = ObjectAnimator.ofFloat(imgView, "translationX",
0, 100);
            anim.setDuration(500);
            anim.start();
            break;
        }
        case R.id.btn_alpha: {     //透明度变换
            ObjectAnimator anim = ObjectAnimator.ofFloat(imgView, "alpha", 1.0f,
0.0f);
            anim.setDuration(500);
            anim.start();
            break;
        }
        default:
            break;
        }
    }
}
```

单击按钮后，系统使用 ObjectAnimator 类实现属性动画，首先调用 ofFloat()方法获取 ObjectAnimator 对象。ofFloat()方法的第 1 个参数为需要变换的对象；第 2 个参数为需要改变的属性，"translationX"表示水平方向上的平移，"alpha"表示透明度改变，还有 "rotationX" "rotationY" 等。设置好需要控制的对象和属性之后，调用 setDuration()设置动画执行的时间，最后调用 start()方法执行动画。

8.3　多媒体应用开发

在 Android 应用中，经常需要播放媒体资源，如播放音乐、播放视频等。Android 提供了 MediaPlayer 类，使用该类可以很简单地实现播放本地或者网络上的音/视频的功能。

8.3.1　MediaPlayer 类介绍

MediaPlayer 类提供了大量的方法用以控制音/视频的播放、暂停、定位等，常见的方法如表 8.7 所示。

表 8.7　MediaPlayer 类常见的方法

方法	说明
int getCurrentPosition()	获取当前播放的位置
int getDuration()	获取音/视频文件的总长
int getVideoHeight()	获取视频的高度
int getVideoWidth()	获取视频的宽度
boolean isPlaying()	判断当前是否正在播放
void pause()	暂停播放
void prepare()	MediaPlayer 开始准备（同步方法）
void prepareAsync()	MediaPlayer 开始准备（异步方法）
void release()	释放 MediaPlayer 占用的资源
void reset()	重置 MediaPlayer 的状态
void seekTo(int msec)	定位到音/视频的指定位置，可用于实现快进、快退
void setDataSource(String path)	设置视频源
setDataSource(Context context, Uri uri)	设置视频源
setDisplay(SurfaceHolder sh)	用于显示播放画面
setOnCompletionListener(MediaPlayer.OnCompletionListener listener)	设置视频播放完成时的监听事件
setOnErrorListener(MediaPlayer.OnErrorListener listener)	设置播放出现错误时的监听事件
setOnPreparedListener(MediaPlayer.OnPreparedListener listener)	设置 MediaPlayer 准备工作完成时的监听事件
setOnSeekCompleteListener(MediaPlayer.OnSeekCompleteListener listener)	设置定位完成时的监听事件
void start()	开始播放
void stop()	停止播放

使用 MediaPlayer 播放音/视频时，首先调用 setDataSource()方法设置需要播放的视频源，然后调用 prepare()或 prepareAsync()方法完成视频播放的准备工作，这两个方法的区别在于 prepareAsync()是异步方法，不会阻塞程序的执行。可以通过调用 setOnPreparedListener()方法监听播放器是否已经准备好，准备好之后就可以调用 start()方法进行播放。

8.3.2　使用 MediaPlayer 和 SurfaceView 播放视频

播放的视频必须显示在 View 上，而且由于视频的画面一直在改变，所以 View 需要一直重绘。对于这种需要不断更新 View 内容的场景，Android 提供了 SurfaceView 类。SurfaceView 关联了一个 SurfaceHolder 对象，该对象专门用于绘制 SurfaceView 的内容。SurfaceHolder 可以使用 3 个回调方法反馈 SurfaceView 的状态，具体如表 8.8 所示。

表 8.8 **SurfaceHolder** 的回调方法

方法	说明
surfaceChanged(SurfaceHolder holder, int format, int width, int height)	SurfaceView 的大小发生改变
surfaceCreated(SurfaceHolder holder)	SurfaceView 第一次被创建完成
surfaceDestroyed(SurfaceHolder holder)	SurfaceView 被销毁

下面我们通过一个具体的任务说明使用 MediaPlayer 和 SurfaceView 播放视频的方法。

任务 8.6 使用 MediaPlayer 和 SurfaceView 播放视频

本任务实现视频播放，单击"暂停"按钮，暂停播放视频；单击"播放"按钮，重新开始播放视频。

- **任务代码**

MainActivity 代码：

```
public class MainActivity extends Activity implements OnClickListener {

    private SurfaceView mSurface;
    private Button mBtnPlay;
    private Button mBtnPause;

    private MediaPlayer mPlayer = null;

    protected void onCreate(Bundle savedInstanceState) {
        super.onCreate(savedInstanceState);
        setContentView(R.layout.activity_main);
        initWidget();
        initPlayer();
    }

    private void initWidget() {
        mSurface = (SurfaceView) findViewById(R.id.surfaceView);      // 获取
SurfaceView 控件
        mBtnPlay = (Button) findViewById(R.id.btn_play);
        mBtnPause = (Button) findViewById(R.id.btn_pause);
        mBtnPlay.setOnClickListener(this);
        mBtnPause.setOnClickListener(this);
    }

    public void onClick(View v) {
        switch (v.getId()) {
        case R.id.btn_play: {      //单击"播放"按钮
            if(null != mPlayer && !mPlayer.isPlaying())      //判断当前是否已经处于播
放状态
            {
                mPlayer.start();      //播放
            }
            break;
```

```
            }
        case R.id.btn_pause: {        //单击"暂停"按钮
            if(null != mPlayer && mPlayer.isPlaying())  //判断当前是否已经处于播放状态
            {
                mPlayer.pause();        //暂停
            }
            break;
        }
        default:
            break;
        }
    }
    private void initPlayer()
    {
        mPlayer = new MediaPlayer();     //定义一个 MediaPlayer 对象
        //获取 SurfaceView 关联的 SurfaceHolder
        SurfaceHolder holder = mSurface.getHolder();
        holder.addCallback(surfaceCallBack);     //为 SurfaceHolder 添加回调函数
        try {
            mPlayer.setOnPreparedListener(onPreparedListener);     //设置监听事件
            mPlayer.setDataSource("mnt/sdcard/demo.avi");     //设置视频源
            mPlayer.prepareAsync();        //调用异步准备方法
        } catch (Exception e) {
            e.printStackTrace();
        }
    }

    private OnPreparedListener onPreparedListener = new OnPreparedListener()
    {
        public void onPrepared(MediaPlayer mp) {  //MediaPlayer 准备完毕，开始播放
            mp.start();
        }
    };

    private SurfaceHolder.Callback surfaceCallBack = new SurfaceHolder.Callback() {
        public void surfaceDestroyed(SurfaceHolder holder) {
            // TODO 自动生成方法存根
        }
        public void surfaceCreated(SurfaceHolder holder) {     //SurfaceView 创建
成功
            mPlayer.setDisplay(holder);     //为 MediaPlayer 设置 SurfaceHolder
        }

        @Override
        public void surfaceChanged(SurfaceHolder holder, int format, int width,
                int height) {
            // TODO 自动生成方法存根
```

```
        }
    };
    protected void onDestroy() {        //页面销毁时释放 MediaPlayer 占用的资源
        if(null != mPlayer)
        {
            mPlayer.stop();
            mPlayer.release();
            mPlayer = null;
        }
        super.onDestroy();
    }
}
```

act_main.xml 布局文件：

```xml
<LinearLayout xmlns:android="http://schemas.android.com/apk/res/android"
    xmlns:tools="http://schemas.android.com/tools"
    android:layout_width="match_parent"
    android:layout_height="match_parent"
    android:layout_gravity="center"
    android:orientation="vertical">
    //定义一个 SurfaceView 布局
    <SurfaceView
        android:id="@+id/surfaceView"
        android:layout_width="match_parent"
        android:layout_height="400dp"
        />
    <LinearLayout
        android:layout_width="match_parent"
        android:layout_height="wrap_content"
        android:layout_gravity="center_horizontal"
        android:orientation="horizontal">
        <Button
            android:id="@+id/btn_play"
            android:layout_width="100dp"
            android:layout_height="100dp"
            android:gravity="center"
            android:textSize="18sp"
            android:text="play"/>
        <Button
            android:id="@+id/btn_pause"
            android:layout_width="100dp"
            android:layout_height="100dp"
            android:gravity="center"
            android:textSize="18sp"
            android:text="pause"/>
    </LinearLayout>
</LinearLayout>
```

　　首先获取了 SurfaceView 对象，然后调用 getHolder()方法获取 SurfaceView 关联的
SurfaceHolder 对象，设置监听事件，当 SurfaceView 创建完成之后将 SurfaceHolder 设置给
MediaPlayer。然后调用 setDataSource()方法设置视频源，为 MediaPlayer 设置监听事件。接

着调用 prepareAsync()方法完成 MediaPlayer 的准备工作，准备好后会回调 onPrepared()方法，在其中开始播放视频。单击"暂停"按钮时，调用 pause()方法暂停播放视频；单击"播放"按钮时，调用 play()方法重新开始播放视频。退出播放页面时，调用 release()方法释放 MediaPlayer 占用的资源。

8.4 线程开发

线程在程序开发中是一个很重要的概念。在 Android 中，线程分为主线程和子线程。主线程又叫作 UI 线程，主要处理和界面有关的事情，用于界面的绘制和交互。用户随时都有可能操作界面，而且对其响应速度要求较高，因此，主线程中不能做太耗时的操作，否则会让用户视觉上感觉到卡顿，甚至有可能会因为执行阻塞产生 ANR 而导致应用异常退出。

除了 JDK 中支持的一些 API 之外，Android 也针对自身的机制做了一些拓展。下面我们将介绍两个常用的类：AsyncTask 和 ThreadPoolExecutor。

8.4.1 AsyncTask 介绍

AsyncTask 是一个执行异步操作的类，它在主线程中创建和触发，但是在子线程中执行后台任务，然后将执行的进度和最终结果传递给主线程并在主线程中更新 UI。例如有一种很常见的操作：应用中如果要在 ImageView 控件中显示一张网络图片，首先需要从网络上下载图片，然后将其显示到控件上。图片的下载速度依赖于网络情况，如果在主线程中执行下载操作，可能会让用户长时间等待，并且不能及时响应用户的操作。这时就可以使用 AsyncTask 类在子线程中执行下载操作，然后通知主线程下载完成并显示最终结果。AsyncTask 有 3 个主要的回调方法，如表 8.9 所示。

表 8.9 AsyncTask 的主要回调方法

方法	说明
doInBackground()	在后台执行任务
onProgressUpdate()	回调当前执行的进度
onPostExecute()	任务执行完成

它们的具体使用方法如下所示：

```
public void onClick(View v) {
    new DownloadImageTask().execute("http://example.com/image.png");    //执行异步任务
}
private class DownloadImageTask extends AsyncTask<String, Void, Bitmap>
    {
        protected Bitmap doInBackground(String... arg0) {    //在后台执行任务
            String url = args[0];    //获取参数
            Bitmap bitmap = downloadImgByUrl(url);    //执行下载任务
            return bitmap;    //返回执行结果
        }
        protected void onPostExecute(Bitmap result) {    //下载完成之后回调该方法
            mImageView.setImageBitmap(result);    //对返回结果进行处理
        }
```

```
        protected void onProgressUpdate(Void... values) {      //回调下载进度
            super.onProgressUpdate(values);
        }
    }
```

上面代码中定义的一个内部类 DownloadImageTask 继承自 AsyncTask，并根据需要重写了
AsyncTask 的方法。在 doInBackground()方法中获取传递的参数，并调用方法执行图片下载操作。
下载过程中会回调 onProgressUpdate()方法返回下载进度。下载完成之后会回调 onPostExecute()
方法，在其中将返回的 Bitmap 显示到 ImageView 中。在主线程中，调用 execute()方法执行异步
任务，将图片的 URL 超链接作为参数传入。

8.4.2 ThreadPoolExecutor 介绍

当一个应用中需要创建多个线程时，可以将该应用放入线程池中进行管理，Java 中使用 Executor
实现线程池的管理和线程的调度。Executor 是一个接口，它的实现类为 ThreadPoolExecutor。创
建 ThreadPoolExecutor 对象时，可以向构造函数传入一系列的参数来配置线程池。常用的构造函数
有 ThreadPoolExecutor(int corePoolSize, int maximumPoolSize, long keepAliveTime, TimeUnit
unit, BlockingQueue<Runnable> workQueue, ThreadFactory threadFactory)。其中，
corePoolSize 指线程池的核心线程数；maximumPoolSize 指线程池可以容纳的最多的线程数；
keepAliveTime 指非核心线程在空闲时可以存活的时间；unit 是参数 keepAliveTime 的单位；
workQueue 指线程队列；threadFactory 指线程工厂，用于在线程池中创建线程。为了帮助读者
理解以上各个参数的含义，下面我们说明一下线程池的工作步骤。

（1）当调用 ThreadPoolExecutor 的 execute()方法要求执行一个任务时，线程池会判断当前
的线程数是否超过核心线程数，如果没有超过，则启动一个核心线程来执行任务。

（2）如果当前的线程数超过了核心线程数，则将任务放到线程队列中排队等候。

（3）如果线程队列已满，则启动一个非核心线程来执行任务。

（4）如果线程的总数已经达到了线程池可以容纳的最多的线程数，则拒绝接收任务。

（5）如果线程池有线程处于空闲状态，则在指定 keepAliveTime 后回收线程，当线程数等于核
心线程数时，停止回收线程。

下面我们通过一个具体实例说明一个线程池的使用方法。

线程池的创建代码：

```
public class Main {
    public static void main(String[] args) {
        ThreadPoolExecutor   executor   =   new   ThreadPoolExecutor(1,   3,   1,
TimeUnit.MINUTES, new ArrayBlockingQueue(4));      //创建一个线程池对象
        executor.execute(new Task());      //执行一个任务
    }
}
```

需要执行的任务：

```
public class Task extends Thread {      //继承 Thread 类
    public void run() {      //重写父类的 run()方法
        super.run();
        System.out.println("this is a task in thread");      //执行自己的操作
    }
}
```

8.5　Fragment

为了更加动态和灵活地支持 UI 设计，Android 引入了 Fragment，它可以将 UI 碎片化，也可以被复用。Fragment 必须显示在 Activity 中，可以被动态地添加、移除、替换，但是每个 Fragment 都具有自己的生命周期方法，并且可以单独处理用户的输入事件。常见的微信界面（见图 8.3）就可以使用 Fragment 来实现。单击界面下方的"微信"，界面中间内容区域就会对应显示聊天记录；单击"通讯录"，界面中间内容区域就会显示联系人列表。这些功能用 Activity 实现比较麻烦，但是用 Fragment 实现就比较简单。将界面的整体定义为一个 Activity，界面中间内容区域设计为一个 Fragment，根据用户单击的元素动态地更换显示区域的 Fragment。

图 8.3　微信界面

8.5.1　Fragment 的创建

和 Activity 类似，创建自定义的 Fragment 需要继承基类 Fragment，并实现基类的若干个方法。其中比较常见的是 onCreate()、onCreateView()、onPause()方法。onCreate()方法在创建 Fragment 时会回调；onCreateView()在绘制 Fragment 视图的时候会回调，开发者需要在该方法中加载 Fragment 需要显示的布局文件；onPause()方法在用户离开 Fragment 时会回调。另外，Android 通过 FragmentManager 类管理 Activity 中的 Fragment，具体的操作在 Fragment-Transaction 中实现。首先可以通过 getFragmentManager()方法获取 FragmentManager 对象，然后调用 FragmentManager 的 beginTransaction()开启一个事务用以执行具体的操作。FragmentTransaction 类支持的常见方法如表 8.10 所示。

表 8.10　FragmentTransaction 类支持的常见方法

方法	说明
add (int containerViewId, Fragment fragment)	在 Activity 指定的位置添加一个 Fragment
commit ()	提交事务

续表

方法	说明
hide (Fragment fragment)	隐藏当前的 Fragment
remove (Fragment fragment)	从 Activity 中移除一个 Fragment
replace (int containerViewId, Fragment fragment)	在指定位置处替换一个 Fragment
show (Fragment fragment)	显示之前隐藏的 Fragment

下面我们通过一个具体的任务说明 Fragment 的用法。该任务实现界面类似于微信界面，实现了单击底部按钮，中间内容区域动态改变的功能。

任务 8.7　单击底部按钮，中间内容区域动态改变

本任务运行结果如图 8.4 所示，单击底部按钮，中间内容区域动态改变。

图 8.4　Fragment 实现效果

- **任务代码**

FragmentFriend 代码：

```
public class FragmentFriend extends Fragment {     //定义一个类继承 Fragment
    public void onCreate(Bundle savedInstanceState) {     //重写 onCreate()方法
        super.onCreate(savedInstanceState);
    }
    //重写 onCreateView()方法，在其中加载布局文件
    public View onCreateView(LayoutInflater inflater, ViewGroup container,
            Bundle savedInstanceState) {
        View view = inflater.inflate(R.layout.view_fragment, container, false);
//加载布局文件
        TextView txtView = (TextView)view.findViewById(R.id.txt_title);
        txtView.setText("This is Friend UI");     //设置布局中的文字
        return view;
    }
}
```

FragmentContact 代码:

```
public class FragmentContact extends Fragment {      //和 FragmentFriend 代码类似
    public void onCreate(Bundle savedInstanceState) {
        super.onCreate(savedInstanceState);
    }
    public View onCreateView(LayoutInflater inflater, ViewGroup container,
            Bundle savedInstanceState) {
        View view = inflater.inflate(R.layout.view_fragment, container, false);
        TextView txtView = (TextView)view.findViewById(R.id.txt_title);
        txtView.setText("This is Contact UI");
        return view;
    }
}
```

view_fragment.xml 代码:

```xml
<?xml version="1.0" encoding="utf-8"?>
<LinearLayout xmlns:android="http://schemas.android.com/apk/res/android"
    android:layout_width="match_parent"
    android:layout_height="match_parent"
    android:orientation="vertical"
    android:gravity="center">
    <TextView
        android:id="@+id/txt_title"
        android:layout_width="300dp"
        android:layout_height="100dp"
        android:textSize="36sp"
        android:text="This is Friend UI"/>
</LinearLayout>
```

MainActivity 代码:

```
public class MainActivity extends Activity implements OnClickListener {

    private Fragment mFriendFrag = null;      //定义 Fragment 变量
    private Fragment mContactFrag = null;
    private Fragment mFindFrag = null;
    private Fragment mSettingFrag = null;

    protected void onCreate(Bundle savedInstanceState) {
        super.onCreate(savedInstanceState);
        setContentView(R.layout.activity_main);
        initWidget();
    }
    private void initWidget()
    {
        mFriendFrag = new FragmentFriend();      //创建一个 FragmentFriend 对象
        FragmentTransaction ft = getFragmentManager().beginTransaction();
//开启一个事务
        ft.replace(R.id.lly_content, mFriendFrag);      //初始显示聊天记录界面
        ft.commit();      //事务提交
        Button btnFriend = (Button)findViewById(R.id.btn_friend);      //获取按钮
```

```
            Button btnContact = (Button)findViewById(R.id.btn_contact);
            Button btnFind = (Button)findViewById(R.id.btn_find);
            Button btnSetting = (Button)findViewById(R.id.btn_setting);
            btnFriend.setOnClickListener(this);        //为按钮添加单击事件监听器
            btnContact.setOnClickListener(this);
            btnFind.setOnClickListener(this);
            btnSetting.setOnClickListener(this);
        }
        @Override
        public void onClick(View view) {
            FragmentTransaction ft = getFragmentManager().beginTransaction();
//开启一个事务
            switch(view.getId())
            {
            case R.id.btn_friend:      //聊天记录
            {
                if(null == mFriendFrag)
                {
                    mFriendFrag = new FragmentFriend();     //创建对应的 Fragment 对象
                }
                ft.replace(R.id.lly_content, mFriendFrag);      //调用 replace()方法替换
当前 Fragment
                break;
            }
            case R.id.btn_contact:     //通讯录
            {
                if(null == mContactFrag)
                {
                    mContactFrag = new FragmentContact();
                }
                ft.replace(R.id.lly_content, mContactFrag);
                break;
            }
            case R.id.btn_find:      //发现
            {
                if(null == mFindFrag)
                {
                    mFindFrag = new FragmentFind();
                }
                ft.replace(R.id.lly_content, mFindFrag);
                break;
            }
            case R.id.btn_setting:      //设置
            {
                if(null == mSettingFrag)
                {
                    mSettingFrag = new FragmentSetting();
                }
                ft.replace(R.id.lly_content, mSettingFrag);
```

```
            break;
        }
        default:
            break;
        }
        ft.commit();
    }
}
```

activity_main.xml 代码:

```xml
<LinearLayout xmlns:android="http://schemas.android.com/apk/res/android"
    xmlns:tools="http://schemas.android.com/tools"
    android:layout_width="match_parent"
    android:layout_height="match_parent"
    android:gravity="center"
    android:orientation="vertical" >
    <FrameLayout     //定义一个组件，该组件用于占用该位置，并显示 Fragment
        android:id="@+id/lly_content"
        android:layout_width="match_parent"
        android:layout_height="400dp"
        />
    <LinearLayout
        android:layout_width="match_parent"
        android:layout_height="50dp"
        android:orientation="horizontal"
        android:gravity="center">
        <Button    //"friend"按钮
            android:id="@+id/btn_friend"
            android:layout_width="0dp"
            android:layout_height="wrap_content"
            android:layout_weight="1"
            android:textSize="16sp"
            android:text="friend"/>
        <Button    //"contact"按钮
            android:id="@+id/btn_contact"
            android:layout_width="0dp"
            android:layout_height="wrap_content"
            android:layout_weight="1"
            android:textSize="16sp"
            android:text="contact"/>
        <Button    //"find"按钮
            android:id="@+id/btn_find"
            android:layout_width="0dp"
            android:layout_height="wrap_content"
            android:layout_weight="1"
            android:textSize="16sp"
            android:text="find"/>
        <Button    //"setting"（我）按钮
            android:id="@+id/btn_setting"
            android:layout_width="0dp"
```

```
            android:layout_height="wrap_content"
            android:layout_weight="1"
            android:textSize="16sp"
            android:text="setting"/>
    </LinearLayout>
</LinearLayout>
```

本任务为每一种内容都定义了一个 Fragment，在 Fragment 的 onCreateView()方法中可以加载自己想要显示的布局文件，对布局的处理并无特殊之处。在 Activity 中可以动态地控制 Fragment 的显示，且操作起来非常灵活。

8.5.2 Fragment 的生命周期

Fragment 有自己的生命周期，但是其生命周期又依赖于 Activity。当 Activity 处于不可见状态时，Fragment 一定也处于不可见状态。当 Activity 处于销毁状态时，Fragment 一定也处于销毁状态。Fragment 在生命周期各个阶段有不同的回调方法，具体流程如图 8.5 所示。

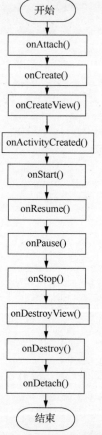

图 8.5　Fragment 的生命周期具体流程

从图 8.5 中可以看出，Fragment 的生命周期方法有一些和 Activity 的一致，其含义也一致。表 8.11 用于说明 Fragment 特有的生命周期方法的含义。

表 8.11　Fragment 特有的生命周期方法的含义

方法	说明
onAttach()	Fragment 与 Activity 关联时调用该方法
onCreateView()	创建 Fragment 的视图，开发者在该视图中加载布局
onActivityCreated()	Activity 的 onCreate()方法已经返回时回调
onDestroyView()	销毁 Fragment 的视图时回调
onDetach()	取消 Fragment 与 Activity 的关联时回调

下面通过日志输出具体看一下 Fragment 生命周期方法的回调顺序。

任务 8.8　通过日志输出看 Fragment 生命周期方法的回调顺序

本任务在 Activity 中定义了两个按钮，单击"add"按钮，将一个 Fragment 添加到 Activity 中，单击"remove"按钮，将 Fragment 从 Activity 中移除，Fragment 生命周期任务实现界面如图 8.6 所示。

图 8.6　Fragment 生命周期任务实现界面

- 任务代码

MainActivity 代码：

```
public class MainActivity extends Activity implements OnClickListener{
    private MyFragment mFragment = null;
    @Override
    protected void onCreate(Bundle savedInstanceState) {
        super.onCreate(savedInstanceState);
        setContentView(R.layout.activity_main);
        initWidget();
    }
    private void initWidget()
    {
        Button btnAdd = (Button)findViewById(R.id.btn_add);    //获取按钮
        Button btnRemove = (Button)findViewById(R.id.btn_remove);
```

```
        btnAdd.setOnClickListener(this);        //添加单击监听事件
        btnRemove.setOnClickListener(this);
    }
    @Override
    public void onClick(View v) {
        FragmentTransaction ft = getFragmentManager().beginTransaction();
//开启一个事务
        switch(v.getId())
        {
        case R.id.btn_add: //添加 Fragment
        {
            if(null == mFragment)
            {
                mFragment = new MyFragment();        //定义一个 Fragment 对象
            }
            ft.add(R.id.fragment, mFragment);        //将 Fragment 添加到指定位置
            break;
        }
        case R.id.btn_remove:        //移除 Fragment
        {
            ft.remove(mFragment);
            break;
        }
        default:
            break;
        }
        ft.commit();
    }
}
```

MyFragment 代码:

```
public class MyFragment extends Fragment {
    @Override
    public void onActivityCreated(Bundle savedInstanceState) {
        super.onActivityCreated(savedInstanceState);
        Log.i("Fragment", "onActivityCreated()");
    }
    @Override
    public void onAttach(Activity activity) {
        super.onAttach(activity);
        Log.i("Fragment", "onAttach()");
    }
    @Override
    public void onCreate(Bundle savedInstanceState) {
        super.onCreate(savedInstanceState);
        Log.i("Fragment", "onCreate()");
    }
    @Override
    public View onCreateView(LayoutInflater inflater, ViewGroup container,
        Bundle savedInstanceState) {
```

```
        Log.i("Fragment", "onCreateView()");
        return inflater.inflate(R.layout.view_fragment, container, false);
    }
    public void onDestroy() {
        Log.i("Fragment", "onDestroy()");
        super.onDestroy();
    }
    @Override
    public void onDestroyView() {
        Log.i("Fragment", "onDestroyView()");
        super.onDestroyView();
    }
    @Override
    public void onDetach() {
        Log.i("Fragment", "onDetach()");
        super.onDetach();
    }
    @Override
    public void onPause() {
        Log.i("Fragment", "onPause()");
        super.onPause();
    }
    @Override
    public void onResume() {
        super.onResume();
        Log.i("Fragment", "onResume()");
    }
    @Override
    public void onStart() {
        super.onStart();
        Log.i("Fragment", "onStart()");
    }
    @Override
    public void onStop() {
        Log.i("Fragment", "onStop()");
        super.onStop();
    }
}
```

单击 Activity 中的"add"按钮，将 Fragment 添加到 Activity 中，控制台输出如图 8.7 所示，依次回调了 onAttach()、onCreate()、onCreateView()、onActivityCreated()、onStart()、onResume()方法，Fragment 处于前台可见状态。

L...	Time	PID	TID	Application	Tag	Text
I	07-04 06:42:09.269	666	666	com.demo.fragment	Fragment	onAttach()
I	07-04 06:42:09.269	666	666	com.demo.fragment	Fragment	onCreate()
I	07-04 06:42:09.269	666	666	com.demo.fragment	Fragment	onCreateView()
I	07-04 06:42:09.309	666	666	com.demo.fragment	Fragment	onActivityCreated()
I	07-04 06:42:09.329	666	666	com.demo.fragment	Fragment	onStart()
I	07-04 06:42:09.329	666	666	com.demo.fragment	Fragment	onResume()

图 8.7 添加 Fragment

按"Home"键，使 Activity 处于不可见状态，Fragment 也随之处于不可见状态，控制台输出如图 8.8 所示，依次回调了 onPause()和 onStop()方法。

| I | 07-04 06:43:13.579 | 666 | 666 | com.demo.fragment | Fragment | onPause() |
| I | 07-04 06:43:16.509 | 666 | 666 | com.demo.fragment | Fragment | onStop() |

图 8.8 按"Home"键

单击 Activity 中的"remove"按钮，将 Fragment 移除，控制台输出如图 8.9 所示，依次回调了 onPause()、onStop()、onDestroyView()、onDestroy()、onDetach()方法。

I	07-04 06:44:11.819	666	666	com.demo.fragment	Fragment	onPause()
I	07-04 06:44:11.819	666	666	com.demo.fragment	Fragment	onStop()
I	07-04 06:44:11.829	666	666	com.demo.fragment	Fragment	onDestroyView()
I	07-04 06:44:11.829	666	666	com.demo.fragment	Fragment	onDestroy()
I	07-04 06:44:11.839	666	666	com.demo.fragment	Fragment	onDetach()

图 8.9 移除 Fragment

8.6 RecyclerView

在 Android 应用中，很多时候需要显示大量的数据，例如手机中可能存储了大量的歌曲文件，但是同一时刻音乐播放器的歌曲列表中只显示部分歌曲，用户可以通过上下滑动列表查看更多歌曲。这种应用场景可以使用 2.2 节介绍的 ListView 和 GridView 实现布局。但是，Android 还提供了一种更灵活的组件——RecyclerView，它可以动态地实现列表布局或网格布局，甚至每个子项都可以显示不同的布局文件。而且，RecyclerView 内部还实现了 View 的复用，在用户上下滑动列表或网格时，RecyclerView 并不会为每个子项创建一个 View，而是创建若干个 View 并不断复用它们，更新其中显示的数据。

8.6.1 RecyclerView 相关类

在 RecyclerView 视图中，每个子项都被表示为 ViewHolder 对象，开发者必须继承 RecyclerView.ViewHolder 类实现自定义的 ViewHolder 类。每个 ViewHolder 都可以包含一个布局文件用于显示一个子项。例如，如果用 RecyclerView 显示歌曲列表，则每个 ViewHolder 可以代表一首歌曲，用来显示歌曲的歌手信息、时长信息等，还可以响应单击和长按事件等。

RecyclerView 通过 Adapter 管理 ViewHolder，开发者必须继承 RecyclerView.Adapter 类实现自定义的Adapter。Adapter中有很多回调方法，其中onCreateViewHolder()方法用于创建一个对应的 ViewHolder，onBindViewHolder()用于将数据和 ViewHolder 进行绑定。

RecyclerView 使用 LayoutManager 对其中的数据进行排列，开发者可以使用系统提供的 LayoutManager 类，也可以自定义 LayoutManager 类实现自己想要的排列方式。系统提供的 LayoutManager 类有 3 种，它们分别是 LinearLayoutManager、GridLayoutManager 和 StaggeredGridLayoutManager。LinearLayoutManager 将 RecyclerView 中的子项以一维列表的形式排列，类似于 ListView 的显示方式。GridLayoutManager 将 RecyclerView 中的子项以二维网格的形式排列，类似于 GridView 的显示方式。StaggeredGridLayoutManager 以瀑布流的方式排列 RecyclerView 中的子项。

8.6.2　RecyclerView 的使用

介绍 RecyclerView 的一些基本概念后，下面介绍 RecyclerView 的具体使用方法，读者也可以将其和第 2 单元介绍的 ListView 和 GridView 进行对比，体会 RecyclerView 的灵活性。

任务 8.9　使用 RecyclerView

下面我们通过一个任务说明 RecyclerView 的具体使用方法，运行结果如图 8.10 所示。

图 8.10　RecyclerView 的使用

- **任务代码**

MainActivity 代码：

```java
public class MainActivity extends Activity {
    private RecyclerView mRecyclerView;    //定义一个 RecyclerView 对象
    private CustomAdapter mAdapter;     //定义一个 Adapter 对象
    @Override
    protected void onCreate(Bundle savedInstanceState) {
        super.onCreate(savedInstanceState);
        setContentView(R.layout.activity_main);
        initWidget();
        initData();
    }
    private void initWidget()
    {
        mRecyclerView = (RecyclerView)findViewById(R.id.recyclerview);
//获取 RecyclerView
        LinearLayoutManager layoutManager = new LinearLayoutManager(this,
LinearLayoutManager.VERTICAL, false);    //定义一个 LayoutManager 对象
        mRecyclerView.setLayoutManager(layoutManager);
        mAdapter = new CustomAdapter(this);     //新建一个 Adapter 对象
```

```
        mRecyclerView.setAdapter(mAdapter);
    }
    private void initData()      //构造数据用于显示
    {
        List<Music> musics = new ArrayList<Music>();
        Music music1 = new Music("青花瓷", "周杰伦", "04:30");
        Music music2 = new Music("海阔天空", "Beyond", "05:25");
        Music music3 = new Music("下雨天", "南拳妈妈", "04:13");
        musics.add(music1);
        musics.add(music2);
        musics.add(music3);
        mAdapter.updateData(musics);
    }
}
```

activity_main.xml 代码：

```
<RelativeLayout xmlns:android="http://schemas.android.com/apk/res/android"
    xmlns:app="http://schemas.android.com/apk/res-auto"
    xmlns:tools="http://schemas.android.com/tools"
    android:layout_width="match_parent"
    android:layout_height="match_parent"
    >
    <android.support.v7.widget.RecyclerView   //定义一个 RecyclerView 布局
        android:id="@+id/recyclerview"
        android:layout_width="match_parent"
        android:layout_height="match_parent"
        android:layout_marginLeft="10dp"
        android:layout_marginRight="10dp" />
</RelativeLayout>
```

CustomAdapter 代码：

```
//定义一个 CustomAdapter 类的对象，该类继承自 RecyclerView.Adapter 类
public class CustomAdapter extends RecyclerView.Adapter<RecyclerView.ViewHolder> {
    private Context mContext;
    private List<Music> mData = new ArrayList<Music>();
    public CustomAdapter(Context context)
    {
        mContext = context;
    }
    public void updateData(List<Music> data)      //对外提供方法用于刷新数据
    {
        mData.addAll(data);
        notifyDataSetChanged();
    }
    public int getItemCount() {
        if(null == mData)
        {
            return 0;
        }
        return mData.size();
```

```
        }
        //重写 onBindViewHolder()方法，将数据和 ViewHolder 绑定
        public void onBindViewHolder(ViewHolder holder, int position) {
            if(holder instanceof CustomHolder)
            {
                Music music = mData.get(position);
                ((CustomHolder) holder).txtTitle.setText(music.getTitle());
                ((CustomHolder) holder).txtActor.setText(music.getActor());
                ((CustomHolder) holder).txtTime.setText(music.getTime());
            }
        }
        //重写 onCreateViewHolder()方法，返回一个 ViewHolder 对象
        public ViewHolder onCreateViewHolder(ViewGroup parent, int position) {
            View  v  =  LayoutInflater.from(mContext).inflate(R.layout.view_item,
parent, false);
            return (new CustomHolder(v));
        }
        class CustomHolder extends RecyclerView.ViewHolder{ //自定义 ViewHolder
            private TextView txtTitle;      //定义控件用于显示数据
            private TextView txtActor;
            private TextView txtTime;
            public CustomHolder(View v)
            {
                super(v);
                txtTitle = (TextView)v.findViewById(R.id.txt_title);
                txtActor = (TextView)v.findViewById(R.id.txt_actor);
                txtTime = (TextView)v.findViewById(R.id.txt_time);
            }
        }
    }
```

从实例中可以看到，RecyclerView 在配置文件中的使用与普通组件的一样，在代码中调用
findViewById()方法获取 RecyclerView 控件。在自定义的 CustomAdapter 类中，重写了父类
RecyclerView.Adapter 中的 onCreateViewHolder()方法和 onBindViewHolder()方法。在
onCreateViewHolder()方法中，创建并返回了一个自定义的 ViewHolder 对象；在 onBindView-
Holder()方法中，将数据和 ViewHolder 绑定并显示。

8.7 项目实战——实现 Fragment 切换动画

在实际开发应用的过程中，切换页面往往带有动画效果，使得页面的切换更加顺畅，看起来没
有那么突兀。本项目结合 Fragment 和属性动画的知识，实现 Fragment 滑动切换的效果。
（1）首先，我们定义应用的首页，代码具体如下。
activity_main.xml：

```xml
<?xml version="1.0" encoding="utf-8"?>
<LinearLayout xmlns:android="http://schemas.android.com/apk/res/android"
    android:layout_width="match_parent"
    android:layout_height="match_parent"
    android:gravity="center"
```

```
        android:orientation="vertical">

    <FrameLayout
        android:id="@+id/fragment_content"
        android:layout_width="match_parent"
        android:layout_height="500dp" />

    <LinearLayout
        android:layout_width="match_parent"
        android:layout_height="50dp"
        android:gravity="center"
        android:orientation="horizontal">

        <Button
            android:id="@+id/btn_first"
            android:layout_width="0dp"
            android:layout_height="wrap_content"
            android:layout_margin="5dp"
            android:layout_weight="1"
            android:text="first"
            android:textSize="16sp" />

        <Button
            android:id="@+id/btn_second"
            android:layout_width="0dp"
            android:layout_height="wrap_content"
            android:layout_margin="5dp"
            android:layout_weight="1"
            android:text="second"
            android:textSize="16sp" />
    </LinearLayout>
</LinearLayout>
```

页面整体采用 LinearLayout 实现纵向线性布局，首先定义一个 FrameLayout 用于显示 Fragment，然后定义两个按钮用于切换 Fragment。

（2）定义 Fragment 的页面。

view_fragment.xml：

```
<?xml version="1.0" encoding="utf-8"?>
<LinearLayout xmlns:android="http://schemas.android.com/apk/res/android"
    android:layout_width="match_parent"
    android:layout_height="match_parent"
    android:gravity="center"
    android:orientation="vertical">

    <TextView
        android:id="@+id/txt_fragment"
        android:layout_width="300dp"
        android:layout_height="100dp"
        android:text="placehold"
        android:textSize="36sp" />
</LinearLayout>
```

在 Fragment 中仅定义了一个 TextView，它用于显示是第几个 Fragment。

（3）定义两个 Fragment 类。

FirstFragment：

```java
public class FirstFragment extends Fragment {

    public void onCreate(Bundle savedInstanceState) {
        super.onCreate(savedInstanceState);
    }


    @Nullable
    @Override
    public View onCreateView(@NonNull LayoutInflater inflater, @Nullable
ViewGroup container, Bundle savedInstanceState) {
        View view = inflater.inflate(R.layout.view_fragment, container, false);
// 加载布局文件
        TextView textView = (TextView) view.findViewById(R.id.txt_fragment);
        textView.setText("This is First Fragment");
        view.setBackgroundColor(Color.parseColor("#777777"));
        return view;
    }
}
```

SecondFragment：

```java
public class SecondFragment extends Fragment {

    public void onCreate(Bundle savedInstanceState) {
        super.onCreate(savedInstanceState);
    }


    @Nullable
    @Override
    public View onCreateView(@NonNull LayoutInflater inflater, @Nullable
ViewGroup container, Bundle savedInstanceState) {
        View view = inflater.inflate(R.layout.view_fragment, container, false);
// 加载布局文件
        TextView textView = (TextView) view.findViewById(R.id.txt_fragment);
        textView.setText("This is Second Fragment");
        view.setBackgroundColor(Color.parseColor("#DDDDDD"));
        return view;
    }
}
```

两个 Fragment 显示的文本和背景颜色不一样。

（4）定义 Fragment 滑入和滑出时的动画。

fragment_slide_anim_enter.xml：

```xml
<set xmlns:android="http://schemas.android.com/apk/res/android">
    <objectAnimator
        android:duration="500"
        android:propertyName="x"
        android:valueFrom="1000"
        android:valueTo="0"
```

```
                android:valueType="floatType" />
    </set>
```

fragment_slide_anim_exit.xml:

```
<?xml version="1.0" encoding="utf-8"?>
<set xmlns:android="http://schemas.android.com/apk/res/android">
    <objectAnimator
        android:duration="500"
        android:propertyName="x"
        android:valueFrom="0"
        android:valueTo="-1000"
        android:valueType="floatType" />
</set>
```

android:propertyName 用于设置在水平方向平移，android:duration 用于设置动画执行的时间。

（5）在 MainActivity 中实现 Fragment 的切换。

MainActivity:

```
public class MainActivity extends Activity implements View.OnClickListener {

    private Fragment mFirstFrag = null;
    private Fragment mSecondFrag = null;

    @Override
    protected void onCreate(Bundle savedInstanceState) {
        super.onCreate(savedInstanceState);
        setContentView(R.layout.activity_main);

        mFirstFrag = new FirstFragment();
        FragmentTransaction ft = getFragmentManager().beginTransaction();
        ft.replace(R.id.fragment_content, mFirstFrag); // 初始时显示第一个 Fragment
        ft.commit();

        Button btnFirst = (Button) findViewById(R.id.btn_first);
        Button btnSecond = (Button) findViewById(R.id.btn_second);
        btnFirst.setOnClickListener(this);
        btnSecond.setOnClickListener(this);
    }


    @Override
    public void onClick(View view) {
        FragmentTransaction ft = getFragmentManager().beginTransaction();
        switch (view.getId()) {
            case R.id.btn_first:
                if (null == mFirstFrag) {
                    mFirstFrag = new FirstFragment();
                }
                // 切换到第一个 Fragment
                ft.setCustomAnimations(R.animator.fragment_slide_anim_enter,
R.animator.fragment_slide_anim_exit).replace(R.id.fragment_content, mFirstFrag);
```

```
            break;
        case R.id.btn_second:
            if (null == mSecondFrag) {
                mSecondFrag = new SecondFragment();
            }
            // 切换到第二个 Fragment
            ft.setCustomAnimations(R.animator.fragment_slide_anim_enter,
R.animator.fragment_slide_anim_exit).replace(R.id.fragment_content, mSecondFrag);
            break;
        default:
            break;
    }
    ft.commit();
    }
}
```

在 MainActivity 中，监听按钮的单击事件，根据不同的按钮切换不同的 Fragment。切换 Fragment 通过 replace()方法实现，切换的动画效果通过 setCustomAnimations()方法实现。setCustom-Animations()方法的第一个参数是指当 Fragment 被添加或者被绑定到视图时，该 Fragment 进入视图时的动画效果；其第二个参数是指当 Fragment 从视图上被移除或者与视图解除绑定时，该 Fragment 离开视图时的动画效果。

8.8 单元小结

本单元我们主要介绍了一些拓展知识。本单元 8.1 节介绍了 Android 中的网络编程。在 8.2 节介绍了一些图形图像和动画的相关知识，图形图像和动画可以丰富 Android 的页面。在 8.3 节介绍了 MediaPlayer 类，使用该类可以实现播放音/视频的功能。在 Android 应用中，经常会有一些比较耗时的任务，在 8.4 节介绍的 AsyncTask 用于异步刷新，ThreadPoolExecutor 用于管理线程。在 8.5 节介绍的 Fragment 可以支持更加灵活的碎片式开发。在 8.6 节介绍的 RecyclerView 可以方便用户更好地自定义实现列表布局或网格布局。在 8.7 节通过一个项目介绍 Fragment 和动画效果的结合使用。在掌握基础知识的同时，读者多了解一些新的开发技术和控件，可以更灵活地开发出更丰富的页面。

8.9 课后习题

1. 关于网络数据传输，以下说法错误的是（   ）。
   A. TCP 提供面向连接、可靠的数据传输
   B. UDP 只是尽量保证数据能到达目的地，不提供可靠传输
   C. 对于 TCP 通信，Java 中使用 Socket 类进行客户端开发，使用 ServerSocket 进行服务端开发
   D. UDP 不提供可靠传输，所以通信双方不需要事先创建连接
2. 关于 Android 中的动画，下列说法正确的是（   ）。
   A. 在 Android 中，常见的动画实现方式有补间动画和属性动画
   B. 属性动画仅支持平移、缩放、旋转、透明度变换 4 种效果
   C. 补间动画通过改变对象的属性值实现
   D. 属性动画仅能作用在图片控件上

3. 以下描述正确的是（ ）。
 A. 在 Activity 中触发的操作（如下载），都必须在主线程中完成
 B. AsyncTask 可以在子线程中执行任务，但是无法和主线程做数据交换
 C. 多个线程可以通过线程池管理
 D. 线程池通过创建 Executor 类的对象实现
4. 关于 Fragment，以下描述正确的是（ ）。
 A. Fragment 布局更加灵活，可以完全代替 Activity
 B. Fragment 的生命周期和 Activity 的完全一致
 C. Fragment 必须显示在 Activity 中
 D. 自定义的 Fragment 需要继承 View 类
5. 在基于 TCP 的网络通信中，服务端通过调用（ ）方法阻塞自己，被动地等待连接。
6. 在 Android 中，实现自定义绘图的类需要继承（ ）类。
7. Android 通过（ ）类实现播放多媒体资源的功能。
8. 在绘制 Fragment 视图的时候会回调（ ）方法。
9. RecyclerView 使用（ ）对其中的数据进行排列。
10. 在网络通信中，客户端和服务端的处理流程分别是什么？
11. 简述补间动画和属性动画的区别。
12. 思考 Service 和 AsyncTask 的区别与使用场景。
13. 简述 Fragment 与 Activity 的区别与联系。
14. 相比于 ListView 和 GridView，RecyclerView 有什么优点？
15. 思考 Service 和 Thread 的区别。

第9单元
综合实战

09

情景引入

在移动设备上，有一类很常见的应用——音/视频的播放应用。本单元将综合应用前文介绍的一些知识实现一个常见的视频播放器应用，使其可以播放本地的视频资源。通过本单元的学习，读者可以大致了解一个完整应用的开发流程。

学习目标

知识目标
1. 掌握页面组件的布局方式以及组件之间的组合方式。
2. 掌握通过MediaPlayer类相关的API。

能力目标
1. 可以根据需求选择不同的布局方式。
2. 可以通过MediaPlayer类实现多媒体资源的播控与进度控制。
3. 可以独立完成一个相对简单的App的开发。

素质目标
1. 培养学生的设计能力。
2. 培养学生的自主学习能力。
3. 培养学生查阅API文档的能力。

思维导图

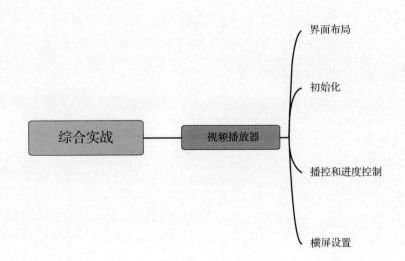

9.1 视频播放器

综合实战

视频播放器一般会具有拖动条，用户拖动拖动条滑块可以实现视频的快进和快退，在播放的过程中，拖动条应该不断地更新播放的时间并显示视频总时长，同时视频播放器还需要提供暂停/继续播放功能。其播放和显示功能主要通过第8单元介绍的 MediaPlayer 和 SurfaceView 来实现。下面我们将分别说明不同的模块的实现。

9.1.1 界面布局

界面主体部分首先需要添加一个 SurfaceView 用于显示播放的内容，然后需要显示拖动条和播控按钮。为了可以更灵活地布局这些组件，可以采用 RelativeLayout 实现相对布局方式，代码具体如下：

```xml
<RelativeLayout xmlns:android="http://schemas.android.com/apk/res/android"
  xmlns:tools="http://schemas.android.com/tools"
  android:layout_width="match_parent"
  android:layout_height="wrap_content"
  android:layout_gravity="center_horizontal" >
  <SurfaceView
      android:id="@+id/svew"
      android:layout_width="match_parent"
      android:layout_height="match_parent" />

  <LinearLayout
      android:id="@+id/llview"
      android:layout_width="match_parent"
      android:layout_height="wrap_content"
      android:layout_alignBottom="@id/svew"
      android:background="#777777"
      android:orientation="vertical"
      android:paddingBottom="15dp"
      android:alpha="0.8">

      <SeekBar
          android:id="@+id/seek_bar"
          android:layout_width="match_parent"
          android:layout_height="wrap_content"
          android:indeterminate="false"/>

      <LinearLayout
          android:id="@+id/llview_progress"
          android:layout_width="wrap_content"
          android:layout_height="wrap_content"
          android:layout_marginTop="5dp"
          android:layout_marginBottom="5dp"
          android:layout_marginLeft="5dp"
          android:gravity="left"
          android:orientation="horizontal">
```

```
            <ImageView
                android:id="@+id/img_play_pause"
                android:layout_width="30dp"
                android:layout_height="30dp"
                android:clickable="true"
                android:src="@drawable/pause"/>

            <TextView
                android:id="@+id/txt_cur_time"
                android:layout_width="wrap_content"
                android:layout_height="wrap_content"
                android:layout_marginLeft="10dp"
                android:text="00:00:00"
                android:textColor="#FFFFFF"
                android:textSize="18sp" />
            <TextView
                android:id="@+id/txt_total_time"
                android:layout_width="wrap_content"
                android:layout_height="wrap_content"
                android:text="00:00:00"
                android:textColor="#FFDDBB"
                android:textSize="18sp"/>
        </LinearLayout>
    </LinearLayout>
</RelativeLayout>
```

在布局文件中，外层的视图容器使用的布局方式为相对布局方式，其中添加了一个
SurfaceView 视图，layout_width 和 layout_height 的值都为 match_parent，这样可以使播放内
容占满整个画面。其后定义了一个纵向线性布局，用于显示拖动条和播控按钮等内容，通过设置
android:layout_alignBottom="@id/svew"使得该布局与 SurfaceView 的底部对齐，通过设置
android:alpha 属性让布局具有一定的透明度。在该布局中，首先定义了一个 SeekBar 用于显示播
放的进度和拖动条，然后定义了一个横向线性布局用于显示播控按钮和播放时间。通过设置
android:clickable="true"使得该图片可以被单击，用于实现暂停/继续播放功能。界面具体效果如
图 9.1 所示。

图 9.1　界面具体效果

9.1.2 初始化

视频播放需要指定视频的路径或其 URL，本单元基于 5.4 节项目实战的项目 5-2 文件浏览器获取视频路径：在浏览文件的过程中，如果浏览到的是文件夹，则进入下级目录；如果浏览到的是视频文件，则调用本单元设计的视频播放器，并将视频的路径作为参数传入，如果浏览到的是其他文件则返回。代码如下所示：

```java
private void change(File file)
    {
        String fileName = file.getName();
        if(fileName.endsWith(".avi") || fileName.endsWith(".mp4") || fileName.
endsWith(".mkv"))
        {
            // 调用本单元设计的视频播放器
            Intent intent = new Intent(MainActivity.this, VideoPlayerActivity.
class);
            intent.putExtra("videoUrl", file.getAbsolutePath());
            startActivity(intent);
        }
        if(!file.isDirectory())
        {
            return;
        }
        mTitle.setText(file.getAbsolutePath());
        List<File> files = fileMgr.getSubFiles(file);
        mAdpter.updateFiles(files);
        mAdpter.notifyDataSetChanged();
    }
```

视频播放 Activity 启动时，首先在 onCreate()方法中设置 Window 参数使得播放界面全屏显示，然后从 Intent 中获取视频的 URL，并做组件和播放器的初始化工作，代码具体如下：

```java
@Override
protected void onCreate(Bundle savedInstanceState) {
    super.onCreate(savedInstanceState);
    this.requestWindowFeature(Window.FEATURE_NO_TITLE);
    this.getWindow().setFlags(WindowManager.LayoutParams.FLAG_FULLSCREEN,
                WindowManager.LayoutParams.FLAG_FULLSCREEN);
    setContentView(R.layout.activity_video);
     //获取视频的路径
    Intent intent = getIntent();
    mVideoUrl = intent.getStringExtra("videoUrl");

    initWidget();
    initPlayer();
    mHandler.postDelayed(task, 1000);
    }

/**
 * 初始化组件
 **/
    private void initWidget()
```

```
    {
        mSurface = (SurfaceView)findViewById(R.id.svew);
        mSeekBar = (SeekBar)findViewById(R.id.seek_bar);
        mtxtCurTime = (TextView)findViewById(R.id.txt_cur_time);
        mtxtTotalTime = (TextView)findViewById(R.id.txt_total_time);
        mPlayPause = (ImageView)findViewById(R.id.img_play_pause);

        //设置播放进度的初始值
        mtxtCurTime.setText("00:00:00" + " / ");
        mtxtTotalTime.setText("00:00:00");
        mSeekBar.setProgress(0);
        mSeekBar.setMax(100);
        //为播控按钮设置单击事件监听
        mPlayPause.setOnClickListener(new OnClickListener(){
            @Override
            public void onClick(View v) {
                if(mPlayer.isPlaying())
                {
                    mPlayer.pause();
                    mPlayPause.setImageResource(R.drawable.play);
                }
                else
                {
                    mPlayer.start();
                    mPlayPause.setImageResource(R.drawable.pause);
                }
        }});

        mSeekBar.setOnSeekBarChangeListener(this);
    }

/**
 * 初始化播放器
 **/
    private void initPlayer()
    {
        mPlayer = new MediaPlayer();
        try{
            //设置视频源
            mPlayer.setDataSource(mVideoUrl);
            mHolder = mSurface.getHolder();
            // 为 SurfaceHolder 增加回调函数
            mHolder.addCallback(new SurfaceHolder.Callback() {
                @Override
                public void surfaceDestroyed(SurfaceHolder holder) {

                }
                @Override
                public void surfaceCreated(SurfaceHolder holder) {
```

```
                    mPlayer.setDisplay(holder);
                }
                @Override
                public void surfaceChanged(SurfaceHolder holder, int format, int
width,
                        int height) {
                }
            });
            //准备播放源
            mPlayer.prepareAsync();
            //设置播放器准备的回调函数
            mPlayer.setOnPreparedListener(new OnPreparedListener(){
                @Override
                public void onPrepared(MediaPlayer mp) {
                    if(null != mp)
                    {
                        mp.start(); //准备完成就播放视频
                        mVideoLength = mp.getDuration(); //获取视频总时长并显示
                    mtxtTotalTime.setText(CommonUtils.formatVideoLength(mVideoLength));
                    }
                }
            });
        }catch(Exception e)
        {
            e.printStackTrace();
        }
    }
```

在组件的初始化 initWidget()方法中，首先通过 findViewById()方法获取各个控件，然后为进度的显示和进度条的位置设置初始值。通过 setOnClickListener()方法为播控按钮设置监听事件。

在播放器的初始化 initPlayer()方法中，首先创建了一个 MediaPlayer 对象，通过 setDataSource()方法设置视频源，然后获取 SurfaceView 的 SurfaceHolder，为其添加回调函数。最后调用 MediaPlayer 类的 prepareAsync()方法异步准备播放源，当播放源准备完毕后，会回调 OnPreparedListener 的 onPrepared()方法，在其中可以启动 MediaPlayer 对象进行视频播放，并且可以获取视频的总时长。

9.1.3　播控和进度控制

在视频播放中，暂停、继续播放和进度拖动是常见的操作。播控是通过监听图片的单击事件实现的，代码如下所示：

```
// 为播控按钮设置单击事件监听
mPlayPause.setOnClickListener(new OnClickListener(){
    @Override
    public void onClick(View v) {
        if(mPlayer.isPlaying())
        {
            mPlayer.pause();
            mPlayPause.setImageResource(R.drawable.play);
        }
```

```
    else
    {
        mPlayer.start();
        mPlayPause.setImageResource(R.drawable.pause);
    }
}}});
```

在播控按钮被单击后，首先判断当前视频的状态，如果处于播放状态，则调用 MediaPlayer 类的 pause()方法暂停视频播放，同时更换播控的图片，显示播放按钮；如果处于暂停状态，则调用 MediaPlayer 类的 start()方法继续播放，同时更换播控的图片，显示暂停按钮。播放界面和暂停界面如图 9.2 和图 9.3 所示。

图9.2　播放状态

图9.3　暂停界面

拖动拖动条滑块进行视频的快进和快退是通过监听 OnSeekBarChangeListener 事件实现的。首先在代码中通过 setOnSeekBarChangeListener()为拖动条设置事件监听，然后重写 OnSeekBarChangeListener 的回调函数，在触发不同的事件时执行不同的动作。代码具体如下：

```
private void initWidget()
{
    ......
```

```
        ……
        mSeekBar.setOnSeekBarChangeListener(this);
    }

    /**
     * 拖动条发生改变时回调
     **/
    @Override
    public void onProgressChanged(SeekBar seekBar, int progress,
            boolean fromUser) {
        mPlayer.seekTo((int) ((progress / 100.0f) * mVideoLength));
    }

    /**
     * 拖动条被触摸时回调
     **/
    @Override
    public void onStartTrackingTouch(SeekBar seekBar) {
        if(mPlayer.isPlaying())
        {
            mPlayer.pause();
        }
    }
    /**
     * 拖动条被释放时回调
     **/
    @Override
    public void onStopTrackingTouch(SeekBar seekBar) {
        if(null != mPlayer && !mPlayer.isPlaying())
        {
            mPlayer.start();
        }
    }
```

在 OnSeekBarChangeListener 的回调函数中，onProgressChanged()在拖动条发生改变时回调，并回调滑块当前的位置，在其中可以根据滑块的位置计算需要定位的视频位置，然后调用 MediaPlayer 的 seekTo()方法跳转到对应的位置。onStartTrackingTouch()在拖动条被触摸时回调，其中可以调用 MediaPlayer 的 pause()方法暂停视频的播放。onStopTrackingTouch()在拖动条被释放时回调，此时快进或快退操作已经完成，调用 MediaPlayer 的 start()方法继续播放视频。

在播放的过程中，需要根据当前视频播放的时间实时更新滑块的显示位置和视频的当前播放时长，这可以通过 Handler 和 Runnable 任务实现，代码具体如下：

```
private Runnable task = new Runnable()
{
    @Override
    public void run() {
        int progress = mSeekBar.getProgress();
        int position = mPlayer.getCurrentPosition();
        if(0 != mVideoLength && mPlayer.isPlaying())
```

```
    {
            //计算拖动条滑块应该处于的位置
            progress = (int) ((position / (mVideoLength * 1.0f)) * 100);
    }
    mSeekBar.setProgress(progress);
        //更新当前应该显示的播放时间
    mtxtCurTime.setText(CommonUtils.formatVideoLength(position) + " / ");
    if(progress >= 100)
    {
        mHandler.removeCallbacks(this);
    }else
    {
        mHandler.postDelayed(this, 1000);        //每隔1s执行一次
    }
    }
};
```

首先获取拖动条的当前进度，然后调用 MediaPlayer 的 getCurrentPosition()获取当前视频播放的位置，通过和总时长的比较计算拖动条滑块应该处于的位置，调用 SeekBar 的 setProgress()方法更新滑块的显示位置。另外更新视频的当前播放时长，并将其转化为 00:00:00 格式显示到文本框中。格式化时间的代码如下：

```
public static String formatVideoLength(int videoLength)
{
    int mills = videoLength / 1000;        //将毫秒转换成秒
    int seconds = mills % 60;        //获取秒
    int minutes = mills / 60 % 60;        //获取分钟
    int hours = mills / 3600;        //获取小时
    StringBuilder sBuilder = new StringBuilder();
    sBuilder.append(String.format("%02d", hours)).append(":");
    sBuilder.append(String.format("%02d", minutes)).append(":");
    sBuilder.append(String.format("%02d", seconds));        //格式化
    return sBuilder.toString();
}
```

9.1.4 横屏设置

视频在播放时，一般会自动切换到横屏显示，这可以在声明 Activity 时通过指定 android:screenOrientation 属性实现，代码具体如下：

```
<activity
    android:name="com.demo.fileexplorer.VideoPlayerActivity"
    android:screenOrientation="landscape">
    <intent-filter>
        <action android:name="android.intent.action.videoplayer" />
    </intent-filter>
</activity>
```

android:screenOrientation 属性支持 3 种取值："landscape"（强制横屏显示）、"portrait"（强制竖屏显示）、"unspecified"（默认值，使视频显示方向跟随系统屏幕旋转的方向）。

9.2　单元小结

　　本单元我们分模块介绍了一个视频播放界面的实现。首先介绍了界面的布局方式，可以看到相对布局和线性布局在实际开发中的灵活组合和应用。然后介绍了控件和播放器的初始化，回顾了通过 Intent 进行数据传递的操作。接着通过对播控和进度控制的分析，展示了 Android 中基于回调的事件监听机制和使用 Handler 实现在线程中异步刷新 UI 的操作。最后通过将 Activity 设置成横屏显示，回顾了在 AndroidManifest.xml 文件中对 Activity 进行属性设置的方法。需要指出的是，在 Android 的 XML 配置文件中，可以对界面的视图和各个组件进行各种属性的设置，本书并不能一一涵盖，具体技能需要各位读者在开发过程中不断积累和熟悉。